LA GRANDE PYRAMIDE

PHARAONIQUE DE NOM

HUMANITAIRE DE FAIT

TYPOGRAPHIE

EDMOND MONNOYER

AU MANS (SARTHE)

ACTUALITÉS SCIENTIFIQUES
Publiées par M. l'Abbé MOIGNO
Première série, n° XLIV

LA
GRANDE PYRAMIDE

PHARAONIQUE DE NOM
HUMANITAIRE DE FAIT

SES MERVEILLES SES MYSTÈRES ET SES ENSEIGNEMENTS

Par M. PIAZZI SMYTH

Astronome royal d'Écosse, ex-membre de la Société Royale de Londres

TRADUIT DE L'ANGLAIS

Par M. l'Abbé MOIGNO

Chanoine de Saint-Denis

PARIS

AU BUREAU DU JOURNAL *LES MONDES*
18, RUE DU DRAGON, 18

ET CHEZ M. GAUTHIER-VILLARS, IMPRIMEUR-ÉDITEUR
55, QUAI DES GRANDS-AUGUSTINS, 55

1875

PRÉFACE DU TRADUCTEUR

Ce livre semblera étrange à beaucoup de ceux qui le liront, et il révoltera un grand nombre d'égyptologues habitués à considérer les Pyramides d'un tout autre point de vue, archéologique et païen.

Mais je me suis rappelé l'adage, LE VRAI PEUT, QUELQUEFOIS, N'ÊTRE PAS VRAISEMBLABLE, et je n'ai pas hésité un instant à en assumer la responsabilité.

J'ai fait beaucoup plus, je l'ai provoqué, et il me tardait grandement qu'il parût.

Il est le résumé rapide de quatre ouvrages éminemment consciencieux, fruits d'un travail herculéen. 1° L'*Héritage que nous a laissé la grande Pyramide*. Première édition publiée en 1867 ; seconde édition publiée en 1874. 2° *Vie et travaux à la grande Pyramide*. Trois forts volumes in 8°, 1865. 3° *Antiquité de l'homme intellectuel*, 1863, un volume in-8°. 4° *Projection homolographique et Plan de terre de la grande Pyramide*, 1870.

Son auteur, M. Piazzi Smyth, astronome royal d'Écosse, fils du célèbre Amiral Smyth que son *Celestial Cycle* a rendu immortel, est un homme d'un immense savoir, aux convictions profondes, aux mœurs sévères, profondément religieux, que la fausse science n'a jamais

ni séduit, ni entraîné, qui est très au courant de ses
dangers, et qui lui fait une guerre incessante. Il a,
sans doute, son genre d'originalité, c'est à plusieurs
égards un homme antique, une figure d'un autre âge,
mais il sait dompter son imagination, et ne marche
qu'appuyé de chiffres positifs, qu'on ne peut ni révoquer
en doute, ni récuser.

C'est à force d'études, comme on n'en fit jamais, que,
héritier des convictions encore mal définies de John
Taylor, mort en 1864, à l'âge de quatre-vingt-cinq ans,
le savant astronome est arrivé, peut-être malgré lui, et
conduit où il n'aurait pas voulu aller, à affirmer que la
grande Pyramide n'est pas une œuvre des Pharaons, ni
même, à proprement parler, une œuvre humaine, mais
bien une œuvre inspirée, conçue et exécutée dans un but
mystérieux et surhumain, qui ne devait se révéler qu'à
l'époque où la science humaine aurait assez fait de progrès
pour entrer d'elle-même en possession des données grandioses, inscrites et monumentalisées dans la grande Pyramide, tant de siècles à l'avance, et aussi assez fière de ses
conquêtes pour aspirer à s'émanciper de Dieu et de la foi.

C'est alors seulement et pour l'humilier saintement
qu'on devait lui montrer dans la grande Pyramide
Gizeh le rapport de la circonférence au diamètre, la rectification et la quadrature du cercle ; la longueur de l'axe de
de rotation de la terre ; la longueur de l'année et du
parcours diurne de la terre sur son orbite ; la distance
de la terre au soleil ; la densité moyenne de la terre,
et son poids approché ; le cycle de la précession des équinoxes, etc., etc.

Que toutes ces données, quelque merveilleux, quelque incroyable que cela puisse paraître, soient écrites non pas une fois, mais plusieurs fois dans les dimensions de la grande Pyramide et de ses parties essentielles, l'antichambre, la chambre du Roi, la chambre de la Reine, les couloirs souterrains, etc., etc., c'est ce qu'aucun homme sensé et impartial ne saurait essayer de révoquer en doute ; car les chiffres sont là, plus évidents que le jour.

Tous ceux qui consentiront seulement à refaire les calculs de M. le professeur H. L. Smith, de New-York, sur les mesures prises au sein de la chambre de la Reine et de la chambre du Roi, ou même ceux qui referont les calculs beaucoup plus simples de M. Simpson, relatifs à l'antichambre, ne pourront pas résister à l'évidence des faits.

Le nombre des coïncidences extraordinaires est tellement grand qu'il ne reste aucune place pour le hasard.

On essayera bien de dire qu'on peut grouper les nombres de manière à en tirer ce qu'on veut, mais on ne renversera jamais l'édifice complet, bâti sur les fondements les plus inébranlables, que les recherches savantes de M. Piazzi Smyth, en suivant les indications premièrement données au monde par feu John Taylor, de Londres, ont élevé.

Non, mille fois non, ce n'est pas le hasard qui a pu faire et qui a fait que la coudée de la grande Pyramide égale à la coudée de Moïse, égale à la coudée de Salomon, soit la dix-millionième partie exacte de l'axe de rotation de la terre ; que le périmètre de la base de la grande Pyramide nous donne la longueur exacte de l'année et l'excursion diurne de la terre sur son orbite, que sa hauteur nous révèle la distance exacte du soleil à la terre, etc., etc. Par cela même que les mesures de ces grandeurs, prises par les savants, ont approché d'autant plus des chiffres de la grande Pyramide que la science a fait plus de progrès, ces chiffres sont nécessairement vrais, intentionnellement et non accidentellement vrais.

Qu'on le remarque, d'ailleurs, ce n'est pas d'aujourd'hui que la science numérique et géométrique de la grande Pyramide nous est révélée. Hérodote déjà avait formulé dans des termes que, peut-être, il ne comprenait pas, puisqu'il les avait faussés, mais que sir John Herschell a rectifiés sans peine, l'une des principales lois géométriques qui ont assigné à ce monument unique sa forme d'une simplicité vraiment admirable. Hérodote s'est fait aussi l'écho il y a plus de deux mille ans de ce fait, que le triangle de chaque face de la Pyramide est égal au carré construit sur la hauteur.

Le père de l'histoire est allé plus loin encore, il nous a presque révélé le caractère inspiré de la grande Pyramide, en constatant la présence auprès, et au milieu des ouvriers, d'un Roi pasteur, d'un descendant de Sem, que l'on croit aujourd'hui avoir été le grand prêtre et roi Melchisédech.

Ces deux affirmations d'Hérodote suffisent presque seules à rendre possible et probable, tout ce que M. Piazzi Smyth et ceux qui ont marché sur ses traces nous ont révélé des merveilles de la grande Pyramide.

Son astronomie semble certainement dépasser les

limites du possible. Mais le fait aussi extraordinaire que palpable de l'orientation exacte de ses quatre faces et de l'axe du couloir d'entrée, orientation qui défie presque les forces de la science du xixe siècle, est en elle-même un fait plus incroyable que les culminations observées de ses étoiles typiques, parfaitement visibles quoiqu'elles ne soient pas de première grandeur, si admirablement appropriées aux besoins chronologiques de tous les âges de l'homme sur la terre, si mystérieusement significatives. Ce fait, ce grand fait plus éclatant que le jour, nous force à accepter tout le reste.

J'arrive enfin aux conclusions et aux révélations des couloirs ascendants et descendants. Elles irriteront à la première lecture les trop nombreux adversaires du surnaturel. Mais que répondre à l'existence certaine, et que tous peuvent vérifier, de ces lignes de foi tracées sur des parois en calcaire dur, ainsi qu'à la précision et à l'éloquence des nombres ?

Retrouver là, mesurée en pouces, cette célèbre date de 2170 que l'inclinaison de l'axe du couloir descendant et les dimensions principales nous crient sous tant de formes, c'est étourdissant, j'en conviens, mais comment faire que ce ne soit pas ?

Et ce chiffre miraculeux est le résultat de mesures qui ne laissent rien à désirer !

Je m'arrête, j'ai été convaincu et je n'hésite pas à tenter de faire partager mes convictions à tous.

J'étais d'ailleurs préparé par de très-longues et très-sérieuses études au cruel démenti que cette masse écrasante de science et de vérité devait donner un jour à la théorie insensée du départ de l'état sauvage et du développement continu du genre humain.

J'avais été amené invinciblement à penser que la science antédiluvienne était incomparablement plus avancée qu'on ne l'a cru jusqu'ici ; et je n'ai nullement été étonné quand M. Piazzi Smyth m'a appris que le premier monument en pierre élevé par l'homme après la dispersion a été réellement un monument de science surhumaine et visiblement inspirée.

Je me résigne sans peine à toutes les répulsions que soulèveront ces révélations si inattendues, à toutes les colères qu'elles inspireront aux égyptologues, colères qui se sont déjà manifestées quand j'ai publié, dans les *Mondes,* ma première étude de la grande Pyramide, mais dont le temps fera certainement justice.

Ce n'est plus M. Piazzi Smyth seul qui combat pour la vérité avec une ardeur toujours nouvelle. La divine Providence lui a suscité des auxiliaires éminemment intelligents et énergiques, choisis parmi ces Anglo-Saxons-Américains qui vont droit devant eux sans s'arrêter jamais (*Go a Head*,*!* qui auront bientôt triomphé de toutes les oppositions, et mis complétement hors de doute la théorie éminemment scientifique de la grande Pyramide.

Dans l'impossibilité où j'ai été d'exposer, dans un si petit nombre de pages, l'ensemble des résultats fournis par l'étude mathématique de la grande Pyramide, dans son ensemble et ses détails, je tiens à soulever ici, dès le début, un petit coin du voile, en reproduisant les révélations étonnantes du pavé de l'antichambre ou vestibule de la chambre du Roi.

Le pavé de l'antichambre est formé de deux parties :
l'une BD en granit, l'autre AD en pierre calcaire ; on ne
saurait nier que l'architecte a intentionnellement fait
usage de deux matériaux différents ; et ce qui suit
prouvera qu'une intention bien plus mystérieuse encore
a présidé aux dimensions relatives assignées par lui à ces
deux matériaux différents.

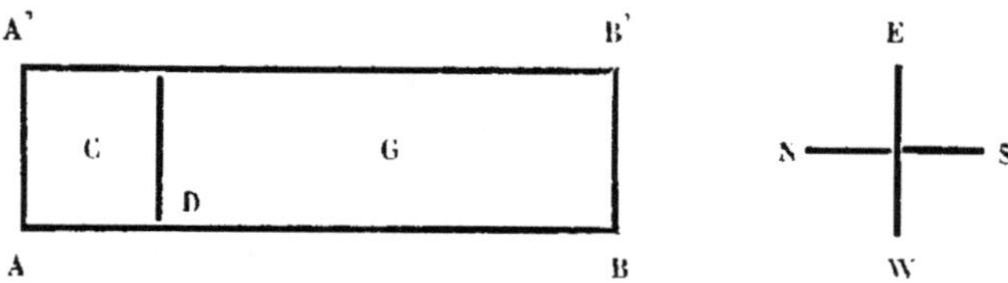

La longueur totale AB est, en pouces pyramidaux,
$116,26 \pm 0,02$.

La longueur BD de la portion de granit est $103,03 \pm$
$0,01$. Or : 1° $116,26$ est le diamètre $(2\,r)$ d'un cercle
dont l'aire est $106,16$; et $103,033$ est le côté (c) d'un
carré dont l'aire est $106,16$, c'est-à-dire que $\pi\,r^2 = c^2$.

2° $116,26 \times \pi = 365,24$, nombre des jours de l'année ;
nombre aussi des coudées sacrées contenu dans la longueur du côté de la base carrée de la grande Pyramide.

3° $116,26 \times \pi \times 5 \times 5$ (5 est un nombre essentiellement pyramidal) $= 9131$ pouces pyramidaux ; c'est la
longueur du côté de la base carrée de la grande Pyramide, déduite de la moyenne de toutes les mesures.

4° $116,26 \times 50$ (nombre des couches horizontales de
la maçonnerie entre le niveau de l'antichambre et la base
de la Pyramide entière située au-dessous) $= 5813$ pouces
pyramidaux, hauteur verticale primitive de la grande
Pyramide, déduite de la moyenne de toutes les mesures.

5° 103.033 pouces pyramidaux $\times$ 50 $=$ 5151,65 p.p.; c'est la longueur du côté d'un carré égal en surface à la section principale de la grande Pyramide, longueur déduite de la moyenne de toutes les mesures.

6° La longueur 116,26 de l'antichambre divisée par 2 est 58,13 pouces pyramidaux, et c'est exactement le centième de la hauteur 5813 de la grande Pyramide calculée d'après la longueur 9131 pouces pyramidaux du côté de la base, jointe à l'inclinaison 51°51'14" des faces, et aussi mesurée directement.

7° 103,033 pouces pyramidaux $\times$ 5 $=$ 515,165; c'est la longueur de la diagonale cubique de la chambre la plus capitale de toute la grande Pyramide, la plus pleine de données scientifiques, c'est-à-dire de la chambre dite du Roi, dont toutes les dimensions sont des multiples de 5 et de 10, ou de 50.

A ces coïncidences surprenantes, M. le professeur Hamilton L. Smith, de New-York, en a ajouté d'autres non moins frappantes.

8° Le centre de la pierre inférieure de granit de la paroi de l'antichambre divise sa hauteur, égale à 149,59 pouces anglais, en deux parties, qui sont entre elles, à l'échelle d'un centième, dans le rapport du côté de la base à la hauteur verticale de la grande Pyramide, de sorte que : la hauteur de l'antichambre que M. Piazzi Smyth a trouvée égale à 149,50 pouces est égale à la somme de la base de la grande Pyramide et de sa hauteur divisée par 100, on a en effet ici en pouces anglais :

$$\frac{\text{base } 9140 + \text{hauteur } 5819}{100} = 149,59 \text{ pouces anglais.}$$

9° Ce n'est encore là qu'un début ; le problème grandit chaque jour et sa solution va se déroulant sous nos yeux, toujours plus étourdissante.

La dernière lettre du professeur Hamilton L. Smith à M. Piazzi Smyth, en date du 21 mars 1875, annonce la découverte faite par lui dans l'antichambre, d'une nouvelle particularité singulièrement importante qui nous révèle l'intention de l'architecte, quand il donnait à la grande chambre du Roi, située au delà, ses proportions actuelles, et qui prouve de nouveau, jusqu'à l'évidence, que dans cette pièce, la plus merveilleuse de la grande Pyramide, rien n'est accidentel, ou sans une signification noble et grandiose.

Les parois est et ouest, de l'antichambre sont revêtues de deux lambris en granit poli ; le lambris de l'est a 103,033 ; le lambris ouest 111,8 ou 111,803 pouces pyramidaux de hauteur, moyennes des mesures prises par M. Piazzi Smyth en 1865, et publiées en 1867.

La raison pour laquelle le lambris est à 103,033 pouces de hauteur a été déjà donnée dans ce qui précède ; mais qui, dans le monde entier de la science moderne, aurait osé dire pourquoi le paroi ouest a une hauteur différente, et pourquoi cette hauteur est de 111,803 pouces ?

Personne évidemment !

Et voici cependant que M. L. Smith nous le révèle dans le nouveau monde.

10° La largeur de la chambre du Roi multipliée par la hauteur du lambris de la paroi ouest de l'antichambre, et divisée par 100, ou 206,066 $\times$ 1,11803 = 230,388 pouces = la hauteur de la chambre du Roi déduite de

la moyenne de toutes les mesures, = aussi la moitié de
la diagonale du parquet 460,777 pouces pyramidaux,
moyenne de toutes les mesures.

11° La diagonale solide de la chambre du Roi multipliée par 10 et divisée par la largeur de la chambre
du Roi, ou $\dfrac{5151,65}{206,066} = 25,000$ pouces pyramidaux, =
la longueur de la coudée sacrée de la grande Pyramide,
= la coudée de Moïse et de Salomon, = la dix-millionième partie du demi-axe de rotation de la terre.

12° Deux angles formés par des lignes dont les
directions sont fixées par des points marqués sur le pavé
et les murs de l'antichambre, sont précisément, l'un,
l'angle 51° 51' 14" de l'inclinaison ou pente de la grande
Pyramide, l'autre l'angle d'inclinaison de l'axe de la grande
galerie ; l'un nous donne π des mathématiques pures ;
l'autre, le nombre exact des jours de l'année solaire
tropicale, des mathématiques appliquées, ou des sciences
physiques de précision.

Un de mes savants amis, M. Richard Proctor, a fait à
la thèse de l'inspiration divine de l'architecte de la
grande Pyramide, une objection grave en apparence : « Si
ces données astronomiques et mathématiques, de la nature la plus élevée et d'une précision extrême, ont été
divinement inspirées et écrites dans la grande Pyramide,
c'était sans doute dans le but d'enseigner ces données
au genre humain. Mais le genre humain n'a pas appris
ces données par la grande Pyramide, puisqu'elles
viennent à peine d'y être découvertes. L'inspiration divine ne saurait donc être affirmée. » Si nous avions à la

maintenir, il ne nous serait pas difficile de la défendre du raisonnement de M. Proctor. Catholique fervent, il croit à l'inspiration des prophéties d'Isaïe, d'Ézéchiel, de Daniel : or combien de prophéties, l'Evangile est là pour nous l'affirmer, même de celles qui concernent le Messie, et que Jésus-Christ a voulu rappeler lui-même, n'ont été comprises qu'au moment de l'événement ou après. Saint Pierre aussi parle des choses du salut qui ne doivent se révéler que dans les derniers jours : *salutem paratam revelari tempore novissimo*. Mais il ne s'agit pas ici de défendre l'inspiration divine de l'architecte de la grande Pyramide, ou sa science infiniment avancée. Il s'agit seulement de savoir si toutes ces données si élevées et si exactes, sont non pas une fois mais dix fois inscrites et monumentalisées dans la grande Pyramide. C'est un fait facile à vérifier. M. R. Proctor oserait-il le nier ?

Je lui dirais alors avec M. Hamilton L. Smith :

« Comment comprendre qu'en présence de tant de faits accablants, tant d'esprits distingués non-seulement n'acceptent pas, mais repoussent avec acharnement la théorie scientifique, quoique non égyptologique, de la grande Pyramide ? Je suis fatalement forcé de me demander SI LES HOMMES SONT DEVENUS FOUS ! quand, pour soutenir des hypothèses préconçues, ils s'obstinent à fermer les yeux à une lumière plus éclatante que le jour. C'est vraiment désespérant, j'oserais presque dire : c'est dégoûtant. »

Ce n'est pas moi, humble clérical, c'est un savant astronome américain qui parle ainsi !

F. MOIGNO.

PREMIÈRE PARTIE

Les méthodes anciennes pour la recherche de l'Arohéologie

I

Introduction

Si, dans les pages suivantes, je me borne presque exclusivement aux recherches nouvelles qui concernent la grande Pyramide seule, entre tous les monuments de l'Égypte en général, et plus particulièrement entre ses pyramides, ce n'est ni faute de connaissances suffisantes au sujet de ces autres pyramides et de ces monuments ; ni manque de respect pour les grands écrivains qui en ont parlé, depuis Hérodote et Pline chez les anciens, jusqu'au brillant Champollion, l'érudit Lepsius et maint autre très-savant égyptologue des temps modernes. Mais c'est que sur les indications récemment données par divers auteurs, il a été aperçu dans la grande Pyramide certains caractères mesurables, originaux et très-remarquables, qui non-seulement lui sont particuliers de fait, mais qui sont tout à fait étrangers en principe à l'architecture, à la sculpture, à l'écriture, en un mot, à tout ce qui constitue ordinairement le type égyptien, ou bien à tout ce que les égyptologues considèrent comme objet de leurs explorations scientifiques.

Je ne prétends donc pas exposer ici une nouvelle méthode d'archéologie générale ou d'hiérologie égyptienne, ni quelque explication nouvelle et différente de choses déjà expliquées par l'égyptologie. A dire vrai, pour l'appréciation de caractères tels que ceux que présentent tous les *autres* monuments de l'Égypte, je suis un des premiers à reconnaître que rien ne peut rivaliser avec les procédés d'interprétation des Champollion, des Lepsius, des Brugsch, des Wilkinson, des Osburn, des de Rougé, des Mariette-Bey, etc.; et que l'on devra toujours consulter *leurs* ouvrages, accepter *leurs* descriptions de l'art égyptien, respecter *leurs* récits des rois et des dynasties de l'ancienne Égypte, s'en rapporter à *leurs* chronologies, pour les dates relatives, mais non pour les dates absolues; et admirer même *leurs* théogonies de la terre de Mizraïm, où brillent involontairement quelques grands et bienfaisants rayons de la lumière d'un autre monde, tout en déplorant les atroces folies d'invention humaine et les assertions incessantes et antichrétiennes du développement progressif, de la suffisance et de la droiture absolue de l'âme humaine.

Dans la grande Pyramide, il n'y a rien ou presque rien de tout cela à relever pour l'égyptologue; mais on trouve dans son intérieur, comme nous l'avons déjà donné à entendre, une multitude d'autres caractères, dont l'égyptologie ne peut donner aucune explication; et qui cependant, quand on les soumet à l'épreuve d'un scrupuleux examen, dirigé d'une tout autre manière, ont à raconter une histoire qui leur est absolument particulière.

Ce n'est guère que depuis ces dernières années qu'a été, et encore lentement, reconnue l'existence de ces précieux caractères par quelques personnes, dont le petit nombre augmente de jour en jour, après tant d'années de récits contradictoires des voyageurs de toutes les nations. Beaucoup de ces caractères n'ont été découverts que tout récemment; aussi l'insuccès des tentatives faites depuis un siècle, ou même depuis vingt ans, pour découvrir les principaux secrets, pour expliquer certaines intentions caractéristiques, certaines destinations mystérieuses de la grande Pyramide, n'a rien de surprenant en lui-même, ni rien qui puisse nous arrêter dans nos investigations actuelles.

L'immortel M. Biot, ainsi que me l'écrivait un ami de Paris, a conclu, après un sérieux examen du zodiaque de Dendérah, « qu'on ne pouvait déduire de ce zodiaque aucune date historique absolue. » Cette conclusion de l'éminent savant était ici parfaitement juste ; mais elle ne devait pas amener ses amis à en conclure, *comme conséquence forcée*, qu'il semble également impossible de déduire aucune date absolue de la grande Pyramide, qui fournit au contraire au calcul des données d'un caractère tout différent et absolument inconnues aux temps de Laplace, de Delambre et de Biot.

La déclaration inattendue, faite dans ces derniers temps, qu'un monument, et de fait le plus grand de tous les monuments en Égypte, *n'appartient* à l'Égypte ni par son plan, ni par sa destination, a, par elle-même, quelque chose de presque repoussant pour l'esprit loyal des hommes de science et d'étude. Et cependant, les preuves de ce fait extraordinaire, pour peu qu'on les recherche avec soin et intelligence, sont beaucoup plus nettes, tangibles et irrécusables que toutes les autres accumulées dans nos bibliothèques, comme matériaux de l'histoire primitive de l'humanité.

Ces preuves, en effet, sont d'autant plus péremptoires, qu'elles sont *contemporaines* des temps dont elles rendent témoignage ; et elles deviennent d'autant plus claires, qu'elles sont de nature à admettre, pour leur justification, le concours de la science moderne la plus exacte, de la géométrie, de l'astronomie et de la mécanique.

C'est la première fois peut-être que ces conquêtes de l'esprit humain et les travaux mathématiques de ces derniers temps, — que l'on suppose d'ordinaire n'avoir d'autre effet que d'exposer les lois de la mécanique, de la matière morte et de la nature inorganique, — ont eu l'occasion de jeter quelque lumière sur l'histoire primitive de l'homme vivant, pensant et religieux. C'est donc avec le plus grand soin qu'il nous faut parcourir la route qui s'ouvre devant nous, mais en prenant

toujours bien garde de confondre les moyens avec la
fin.

Quelque merveilleux, en effet, que puissent actuellement paraître les résultats obtenus relativement à certaines parties des connaissances anciennes, rappelées
dans la grande Pyramide, ce n'est point en s'appuyant
sur eux que la lecture d'un ancien monument doit être
faite, mais bien en prenant pour guide la méthode scientifique et philosophique moderne. La science doit con-
tinuer comme elle l'a fait depuis la renaissance des
études en Europe, comme elle le fait de nos jours, et
plus rapidement encore; grandissant même d'une façon
si merveilleuse, que de jour en jour elle devient un instrument de plus en plus puissant pour toute sorte de recherches, même pour les plus difficiles.

Mais faut-il attendre que la science moderne soit devenue plus puissante encore, avant de l'appliquer à la
grande Pyramide?

Que le lecteur veuille bien nous permettre de lui
exposer toute la question : chacun pourra juger ensuite
par soi-même.

Nous vivons à une époque où les connaissances scientifiques se sont développées à un degré jusqu'alors inconnu dans l'histoire de la terre ; mais jamais, dans
toute la période chrétienne, on n'avait vu naître, tant
parmi les ignorants que parmi les hommes de science, ce
sentiment d'opposition préconçue qui les pousse à rejeter
toute partie de la sainte Bible contenant quelque description de faits miraculeux, surnaturels, ou nécessitant,
pour être admis, le concours de la foi à l'inspiration
divine. Aussi ne veut-on nullement admettre qu'un fait
extraordinaire et sans rapport apparent avec les lois de
la nature, ait pu jamais se produire, même au point de
vue de la direction morale et religieuse de l'humanité.
C'est pourquoi on supprime tout fait miraculeux des
saintes Écritures, qu'on réduit à n'être plus qu'un livre
décrivant la vie ordinaire d'un peuple ordinaire, et écrit

par des hommes qu'on reconnaît comme assez habiles, sans toutefois être d'un ordre supérieur à la foule des auteurs de nos jours, aussi bien que de tous les siècles passés.

Et c'est à un pareil moment, où les chefs de la société se conduisent de cette sorte, et où tout le monde s'empresse sur leurs traces, — croyant bien faire sans doute, — que John Taylor, de Londres, annonce, ou plutôt a annoncé, — car il est mort aujourd'hui et ses actes appartiennent à l'histoire, — que la grande Pyramide d'Égypte n'est pas égyptienne, quant à son plan ; qu'elle n'a pas été imaginée par un Egyptien, ni même par un esprit humain, — mais qu'elle a été le résultat de l'inspiration divine de certains hommes choisis, de race abrahamique ou sémitique. Le fait de l'existence de la grande Pyramide, ainsi préparée dès le commencement du monde dans une intention que l'on commence seulement à connaître, est écrit en pierres comme la Bible l'est en lettres ; — en tant, toutefois, que l'on puisse réclamer pour la Bible une origine surhumaine, comme l'auteur continuait à le croire, — et quoique le but de la Pyramide ne soit pas d'enseigner directement la religion.

Les hommes prudents doivent-ils taxer une telle déclaration d'être téméraire, les hommes religieux doivent-ils la dénoncer comme impie ou irréligieuse ? Je dois avouer que, bien que John Taylor m'eût envoyé son livre en 1859, j'essayai de manière ou d'autre de décliner la responsabilité de me prononcer sur son contenu, au moins jusqu'au commencement de 1864, époque où des circonstances indépendantes de ma volonté m'obligèrent à m'en occuper. Je le lus alors, naturellement d'assez mauvais gré d'abord, puis avec un étonnement profond des coïncidences numériques entre l'ancien monument et les connaissances scientifiques modernes relatives à la surface du globe, mais sans aucune conviction de la vérité de cette grande thèse ; cependant, en poursuivant ma lecture, j'en vins à constater un défaut positif dans le système de recherches de John Taylor, et cela de la manière suivante :

Jusqu'alors, sa théorie « sacrée » selon les lois de Jéhovah, jointe à l'exactitude scientifique, sont pour lui la règle dominante dans l'étude du monument; mais plus tard, juste au point du plus vif intérêt, la science cosmique est mise de côté; la règle hébraïque présidant aux choses sacrées semble être oubliée, et l'auteur essaye d'expliquer le phénomène final de la pyramide actuellement en question, en le rattachant à une relique d'un temple *idolâtre* d'Egypte! Le seul moyen possible d'éviter cet écueil si fatal de toute la théorie « sacrée », était de supposer à l'architecte la connaissance d'un certain but que nul homme sur terre n'aurait jamais pu découvrir de lui-même, par des facultés purement humaines, soit dans l'antiquité, soit au moyen âge, ni même jusqu'au siècle dernier, et alors seulement d'une manière bien imparfaite. — Une telle supposition n'était-elle pas précisément l'épreuve absolue requise pour justifier la sublime idée d'une « inspiration divine » faite à certains hommes des anciens temps. Je fis donc les calculs nécessaires d'après les meilleures données de la science moderne; j'obtins une si exacte coïncidence, que j'arrivais à expliquer beaucoup mieux les mesures de la pyramide que l'idée de la relique idolâtre du temple égyptien; et j'ai depuis trouvé, dans la structure même de la pyramide, une preuve des plus remarquables et des plus éclatantes de la réalité dans cet édifice d'une idée particulière préconçue, mais cachée.

Après avoir ainsi obtenu une double preuve, je ne pouvais m'abstenir plus longtemps de pousser plus loin les recherches. Pour cela je me rendis en Égypte sans autre compagnie que ma femme, et j'y consacrai cinq mois à l'étude scientifique de la grande Pyramide. — Et voici que l'invitation gracieuse de M. l'abbé Moigno, ami ardent de toutes les sciences, et plus encore de la religion, m'offre une occasion nouvelle de publier quelques-uns des résultats obtenus, pour les faire connaître au monde d'abord, et ensuite comme réponse à l'Association Britannique pour l'avancement des sciences.

Il était déjà bien à regretter que dans ses réunions précédentes, cette opulente Société eût si vivement recherché, par les théories du développement progressif de l'homme et des animaux, à reculer le plus possible la date chronologique de l'*intervention* dans ce monde d'un divin Créateur; mais il était réservé à la réunion de cette année (1871) de proposer un plan qui supprimait toute création spéciale de la vie pour notre globe terrestre. La Bible dit que cette terre a été le théâtre de plusieurs créations distinctes de la vie animale par Dieu. Mais le président de l'Association Britannique de 1871 préfère attribuer à des accidents matériels, selon le cours ordinaire de la nature, et depuis des millions de millions d'années, l'introduction non-seulemens sur cette planète de formes de vie créées depuis bien, bien longtemps, mais encore sur des globes du ciel totalement distincts et situés aux distances les plus reculées, essayant ainsi d'éloigner de nous la trace de Dieu, non-seulement par un temps presque infini, mais aussi par un espace incommensurable.

Puisqu'on trouve, dans quelques cercles élevés, que la science moderne, quoique non parfaite encore, est cependant assez forte pour renverser certaines des plus chères et des plus fondamentales parties de la Bible, — assurément il n'est pas trop tôt de rechercher ce qu'elle peut avoir à dire au sujet de la grande Pyramide, et d'examiner les preuves, que prétend avoir découvertes un homme, mort depuis peu de temps, de l'existence de quelque chose de supérieur à la sagesse humaine, à la nature ou à tout concours d'accidents fortuits, soit dans le dessein, soit dans la destination de cet étrange monument.

Mais ici notre premier appel doit s'adresser à la science égyptologique et à son témoignage. Avant tout .

il nous faut demander à cette science ce qu'elle pense des monuments égyptiens?

II

De l'Architecture égyptienne

Tous les archéologues s'accordent à dire que, quand on désire étudier spécialement les plus anciens monuments érigés par l'homme civilisé, il faut avant tout tourner les yeux vers la terre d'Égypte. La Grèce et Rome n'avaient pas encore paru; la Perse, l'Assyrie et la Babylonie ne s'étaient encore signalées par aucun des monuments qui sont parvenus jusqu'à nous, à une époque où l'Egypte était déjà gouvernée par des rois constitutionnels, et où son sol soumis à une culture intelligente était couvert de monuments d'une architecture qui, soit par la conception grandiose, soit par l'habileté d'exécution, depuis les fondations massives jusqu'aux plus minutieux ornements de détail, attestent déjà le haut degré d'élévation de l'état social du peuple misraïmite, dans ces premiers âges, tant historiques que préhistoriques.

Ailleurs les pluies rongent, la végétation ensevelit, la gelée désagrége même les monuments modernes; mais sous le climat sec, chaud et sans pluie de l'Égypte, tout édifice d'architecture une fois élevé, semble vouloir durer à jamais. C'est pour cela que l'Égypte, comme l'a si bien remarqué Bunsen, est destinée par sa nature même à être le pays monumental de la terre, et par ses anciens habitants à être le peuple monumental, avec mission d'enregistrer l'histoire.

Et certes ils ont bien rempli leur tâche, si l'on tient compte de l'époque et du pays; car non-seulement leurs temples, leurs palais et leurs tombeaux forment pour ainsi dire une légion sur toute l'étendue du pays, mais

ils sont encore presque invariablement couverts d'inscriptions, et pour ainsi dire animés de peintures, figurant tout ce qui arrivait chez eux de grand ou de petit,
de sacré ou de profane, en temps de paix ou en temps
de guerre, en public ou en particulier.

La lumière documentaire laissée derrière lui par ce
peuple est prodigieuse ; elle a en outre l'avantage de
s'étendre à travers une longue série de siècles, ce qui la
rend particulièrement propre à indiquer les progrès, les
changements et les variations d'idées chez les Égyptiens,
d'une dynastie à l'autre, aussi bien qu'à présenter les
événements égyptiens dans leur unité et leur intégrité, et
par suite à faire facilement saisir les différences natio-
nales et intellectuelles qui les séparent de toutes les
autres races.

En même temps, on ne saurait trop s'attacher à bien
faire distinguer quelle est la partie ou période de
l' « Égypte ancienne » dont nous nous proposons de faire
l'objet de ces études particulières ; et cela d'autant plus
que tout ce qui nous est généralement et vulgairement
counu sous le nom d' « Égypte ancienne, » se trouve
être très-moderne, si l'on vient à le comparer avec les
parties dont nous allons nous occuper. Faisons donc
d'abord connaissance avec ce qui est connu et compris
généralement sous le nom d' « Égypte ancienne. »

« Qui sont très-anciens, ou du moins contemporains
« de la XVIIIᵉ ou de la XIXᵉ dynastie, » est une phrase
d'un de nos égyptologues les plus distingués, sir Gardner
Wilkinson, dans une description des plus antiques débris
dont il pouvait être certain de bien connaître tous les
détails, ou dont il s'occupait de préférence ; c'est cette
partie de l'égyptologie dont le public de nos jours est le
plus épris. On peut voir cette phase de l'Égypte ancienne
dans sa plus grande perfection à l'intérieur et autour de
Thèbes, sur les rives orientale et occidentale du Nil. Elle
consiste, au-dessus du sol, en temples-palais ou palais-
temples splendides, où abondent piliers, colonnades,

statues, cours fermées, tours en pylônes, avenues de
sphinx, obélisques et autres merveilles architecturales ;
le tout généralement couvert de haut en bas, en dedans
comme au dehors, de figures sculptées et de légendes
hiéroglyphiques, soit gravées, soit en bas-relief. Ces
légendes sont ordinairement à la louange des rois des-
potes et des dieux à têtes d'animaux, avec des représentations de rites religieux dégradants, et de triomphes bar-
bares sur de pauvres prisonniers de guerre. En même
temps, au-dessous de la surface du sol, s'ouvrant sur la
rive occidentale du fleuve, le long de ces défilés rocheux
qui conduisent au désert de la Libye, se trouvent des
tombeaux, creusés dans le roc même, rivalisant d'étendue
avec les habitations des vivants, et les surpassant surtout
par le nombre des chambres souvent admirablement
sculptées ; ils sont même encore plus richement décorés
de sculptures, de peintures, d'inscriptions et de nombreuses accumulations de petits dieux à tête d'animaux,
en porcelaine, en pierre et en métal, retraçant la vie de
l'Égypte à cette époque, et la nature de son idolâtrie.

Or la date chronologique de cette vie, de cette religion
et de cette architecture, bien connue comme antérieure
à Homère et à Hésiode, est cependant postérieure de
bien des siècles aux pyramides ; elle accuse, malgré
toutes ses abondantes richesses d'*art*, un manque de
science que l'étude et la comparaison font par trop ressortir ; car, non-seulement, ainsi que M. Renan l'a si
bien dit dans la *Revue des Deux-Mondes* (avril 1865),
les pierres mêmes des temples-palais de Thèbes sont
d'une qualité inférieure, mal choisies et encore plus mal
posées, dénotant un travail d'esclaves, accompli sous la
pression du fouet, et formant un contraste lamentable
avec le travail consciencieux et l'habileté mécanique con-
sommée des pyramides beaucoup plus anciennes de la
basse Égypte.

Ces temples-palais présentent en outre, comme le
dit James Fergusson, l'historien philosophique de l'ar-

chitecture, « une *symétriphobie* difficile à compren-
« dre ; les pylônes sont rarement dans l'axe des tem-
« ples ; les cours sont rarement carrées ; les angles
« fréquemment ne sont pas des angles droits, et une
« cour succède à une autre sans le moindre égard pour
« la symétrie, » — Et plus loin : « les piliers sont
« diversement espacés, et l'on semble avoir pris à tâche
« de faire le palais de Luxor aussi irrégulier que pos-
« sible, et cela à peu près à tous les points de vue. »

Non-seulement toute cette déviation géométrique des
modèles de régularité et de vérité des anciennes pyramides, se trouve dominer à Thèbes pendant les jours
d'idolâtrie, — mais on y constate encore une déviation
analogue, à propos de l'*emplacement* ou de *l'orientation
astronomique*. En effet, sur la rive orientale du Nil, la
direction de la façade de l'axe central de chacun des
temples principaux, se trouve ainsi représentée dans les
excellentes cartes du grand ouvrage de M. Lepsius,
Denkmœhler aus Egypten und Æthiopen (12 vol. in-folio.)

Karnak. — Grand temple ═   N. 64° ouest.
   —   Grande avenue ═   S. 19° ouest.
   —   Petite avenue et temple ═   S. 26° ouest.
Luxor. — Partie septentrionale du temple
         de Rhamsès II ═   N. 40° est.
   —   Partie méridionale ou d'Améno-
         phis III ═   N. 30° est.

Outre ces temples, tous de grandes dimensions, il y
en a nombre de plus petits de la même époque ou des
âges subséquents, sur les deux rives du fleuve, placés
d'une façon plus diverse encore ; tandis que les tombeaux
qui parsèment les collines, sur plusieurs milles de rochers
et de ravins, sont, au point de vue de l'orientation, complétement disposés au hasard.

C'est là un écart bien regrettable de la méthode
et de l'ordre scientifique, à la fois géométrique et
astronomique, qui caractérise chacune de ces grandes
expressions des âges reculés, ou mieux des temps les

plus primitifs de l'Égypte, c'est-à-dire les pyramides et,
plus particulièrement encore, la grande Pyramide. En
effet, sur la colline de Jeezeh, où s'élève ce vaste monument, tout se montre carré, tout est astronomiquement
orienté. La grande Pyramide elle-même présente si
exactement ses quatre côtés aux quatre points cardinaux,
qu'il est difficile d'y découvrir aucune erreur; la seconde,
la troisième, la quatrième, et jusqu'à la huitième et à la
neuvième pyramide, suivent de très-près la même disposition, et sont à leur tour suivies de la même manière
par chaque tombeau (de la même époque, grand ou petit),
sur les versants de la colline environnante ; on remarque
même que chaque puits sépulcral, étroit et profond, est
carré, avec ses côtés presque exactement orientés.

Dans ces tombeaux primitifs foisonnent les peintures
retraçant la civilisation et les mœurs, mais d'ordinaire
ces peintures, complétement inoffensives, ne figurent que
des scènes « innocentes ; » on n'y remarque ni symboles
de guerre ni armes meurtrières ; on n'y voit paraître
ni soldat, ni prêtre sacrificateur ; en même temps les allusions idolâtres y sont rares; chacun semble avoir offert
lui-même ses sacrifices ou adressé ses prières à un dieu
qu'on nomme plutôt qu'on ne le désigne par une image
visible. De fait, il est difficile d'y rencontrer des sculptures ou des inscriptions qui aient ce caractère, à moins
qu'elles n'aient été l'œuvre d'hommes des âges postérieurs. La grande Pyramide, qui doit être, ainsi qu'il
y a tant lieu de le croire (voir les planches des *Denkmœhler* de Lepsius et ses *Lettres d'Égypte*), le prototype
de toutes les pyramides, et en même temps le premier
et le plus ancien monument d'architecture que l'on ait
encore découvert en Égypte ou ailleurs, — n'offre pas
ta moindre trace ni du culte des faux dieux, ni de la
glorification de l'homme, sur ses murailles pures et sans
lache (1).

(1) Ceux qui ont jeté les yeux, mais seulement d'une manière

Par conséquent *toute* l'Égypte ancienne n'est pas ce fleuve au cours toujours égal et continu, que certains avocats de l'extension à perte de vue des périodes historiques voudraient nous faire accepter. Son architecture même, plus assurément que toute autre chose, n'est pas un exemple de l'égalité d'un mouvement perpétuel, ou d'une existence continuellement progressive; elle a un commencement déterminé, un milieu et une fin, ou trois périodes, dont chacune diffère excessivement des deux autres, non moins en qualité qu'en date, et qui sont parfaitement abordables sous tous les rapports aux recherches modernes. Nous pouvons, en toute vérité, nous représenter l'ancienne architecture égyptienne sous la forme d'une pyramide, dont la partie inférieure et la plus moderne s'appuie sur les Éthiopiens, les Perses, les Grecs et les Romains, chacun de ces peuples formant un angle de cette base carrée inférieure et de date plus récente, puisant en même temps leurs idées, et prenant le plus souvent leurs modèles, dans ce qui leur était venu des Égyptiens de Thèbes qui les avaient précédés. Ces Égyptiens de Thèbes, de la XVIIIe à la XXe dynastie, forment à leur tour le milieu de la pyramide, en hauteur comme en date; tandis que plus haut, et au-dessus d'eux, ou à une époque antérieure, apparaît l'œuvre des Égyptiens de Memphis

superficielle, sur de nombreuses et riches collections de vues d'Égypte, — comme celles de Champollion, de Lepsius, de la grande expédition française, ainsi que de Rosellini, — maintiennent souvent l'impression fausse et erronée, qu'ils ont même publiée dans des ouvrages parfaitement irréprochables à tout autre égard, que les pyramides ont des chambres « pleines de peintures et d'hiéroglyphes ; » il se trouve en effet nombre de pages entièrement remplies de ces détails dans les grands ouvrages mentionnés plus haut, et portant même pour titres : « Pyramides de Saccara ; » « Pyramides de Memphis ; » « Pyramides de Jeezeh » ou de quelque autre endroit. Et cependant, par ces titres, les auteurs voulaient seulement indiquer que ces peintures et ces hiéroglyphes avaient été trouvés dans les tombeaux *avoisinants,* ou *dans la région* des Pyramides de Saccara, de Memphis ou de Jeezeh, et non dans ces pyramides elles-mêmes.

de la XIIe dynastie et des dynasties avoisinantes ; jusqu'à ce qu'enfin cette histoire architecturale se termine à son sommet et à son principe par les édifices en forme de pyramide, surtout pendant les IVe, V^e et VIe dynasties, et finalement par la grande Pyramide, la dernière, c'est-à-dire la plus haute, la plus ancienne et l'unique pierre angulaire de tout l'art monumental que l'Égypte avait à dérouler devant le monde entier.

A côté de cette pyramide collective et symbolique de l'architecture égyptienne, on peut voir s'élever sous forme d'autres pyramides, de semblables représentations collectives des architectures d'autres nations primitives ; mais aucune ne s'élèverait aussi haut, quant à la perfection mécanique, ni quant à la date reculée, que le monument égyptien. Cette pyramide s'élèverait même autant au-dessus des pyramides babyloniennes (1), assyriennes ou phéniciennes, que Saül surpassait les autres Israélites de la tête et des épaules, ou que la grande Pyramide s'élève au-dessus de ses compagnes de Jeezeh.

Il n'existe nulle part ailleurs qu'en Egypte d'anciens édifices ayant la forme vraie et la constitution de la Pyramide, définie telle qu'elle est par les lois inattaquables des grands géomètres de notre temps et de tous les temps, ou qui soient orientés astronomiquement comme les monuments égyptiens. En effet, ce qu'on appelle *à tort* les Pyramides de Mésopotamie, ne sont que des collections de terrasses oblongues, empilées les unes sur les autres sans la moindre symétrie, ou orientées diagonalement, au méridien. Celles auxquelles l'on donne aussi ce nom remontant aux temps anciens ou même druidiques de la France, de l'Irlande, de la Grèce et de l'Asie Mineure, ne sont que de simples amas de terre sans aucune orientation. Celles enfin du Mexique et de l'Amérique

____

(1) Il se pourrait qu'en Babylonie et dans la basse Mésopotamie il y ait eu des édifices antérieurs à ceux de l'Egypte, mais il n'en reste plus trace actuellement ; et nous ne nous arrêtons ici qu'à des faits visibles et patents pour tout le monde de notre temps.

centrale, sont plutôt une série de degrés conduisant à
un temple élevé sur le sommet (1). Notre tâche se trouve
actuellement bien définie ; car si nous désirons connaître
à fond l'origine et les raisons du plan de la grande Pyramide, nous n'avons évidemment nul besoin de chercher
à droite ou à gauche chez d'autres nations, ni à interroger les édifices postérieurs et couverts d'inscriptions des
époques égyptologiques, à moins toutefois qu'il ne se
rencontre dans d'autres contrées des constructions antérieures auxquelles on pourrait faire allusion ; ou à moins
que les pyramides subséquentes ne contiennent des
descriptions explicatives ou ne soient elles-mêmes des
exemples plus agrandis, plus complets, plus développés
et mieux conservés de l'idée de la pyramide.

Le chapitre suivant sera consacré à une enquête à ce
sujet ; en attendant nous ne pouvons mieux terminer
celui-ci que par un tableau chronologique, montrant
approximativement, d'après leurs propres données, que
quelle que soit la différence qui règne entre les grandes
autorités égyptologiques de la littérature moderne, quant
aux dates *absolues*, des parties primitives de l'histoire
d'*Égypte*, leurs dates *comparatives* s'accordent presque
exactement les unes avec les autres (2), pour placer les
pyramides en tête de toute l'architecture connue des
Égyptiens, et par cela même, de toute architecture
humaine.

(1) **Voir** *Antiquité de l'homme intellectuel*, par **Piazzi Smyth**,
et les *Planches et Notes des constructions communément appelées
Pyramides*, par **S. John Day**. Ces deux ouvrages ont été publiés
par Edmonston et Douglas, Edimbourg.

(2) Les autorités gréco-alexandrines, qui tirent leurs indications
d'Hérodote, d'Ératosthène, de Diodore de Sicile, et aussi tous les
élèves hellénistes modernes, adoptent des dates très-différentes de
celles des initiés à l'égyptologie ou des égyptologues modernes par
excellence. Mais ils se trompent, égarés par une lourde méprise du
Père de l'histoire, qui consiste principalement à ranger les rois de
la IVe dynastie après les rois des XVIIIe et XIXe dynasties.

CHRONOLOGIE HIÉROGLYPHIQUE ÉGYPTIENNE (Approximativement).

Nᵒˢ d'ordre DES DYNASTIES ainsi qu'elles sont décrites PAR MANÉTHON mais qui n'ont aucun caractère absolu de vérité ou de réalité.	DATES DU COMMENCEMENT DE CHAQUE DYNASTIE d'après					ARCHITECTURE prédominante DE LA PÉRIODE
	Lesueur Mariette-Bey Renan	Lepsius Bunsen Fergusson	Lane Gardner Wilkinson Rawlinson	William Osburn.	Sir G. C. Lewis et les classiques grecs	
	Av. J.-C.	Av. J.-C.	Av. J.-C.	A. J.-C.	Av. J.-C.	
1	5735	3802	2700	2429		Incertaine, inconnue, sans monuments ou n'avant jamais existé.
2	5472	3639	2480	2420		
3	5170	3338	2670	2329		
4	4956	3124	2440	2228	1012	Constructeurs de pyramides près de Memphis.
5	4472	2840	2440	2228		
6	—	2744	2200	2107		
7	—	2592	1800	—		
8	—	2512	1800	—		
9	—	2674	2200	2107		
10	—	2565	—	1969		
11	—	2423	2200	2107		Constructeurs de tombeaux à Héliopolis, Memphis, Abydos et Thèbes.
12	3245	2380	2080	—		
13	—	2136	1920	—		
14	—	2167	2080	—		
15	—	2101	2080	1900		
16	—	1842	1800	1900		Constructeurs de palais-temples, surtout à Thèbes et Karnak.
17	—	1684	1776	—		
18	—	1591	1520	—	1050	
19	1314	1443	1324	—	1100	
20	—	1269	1232	1314		
Commencement de l'histoire, ou première olympiade.	776 (?)	770	776	776	776	Premiers temples grecs à colonnes.
Commencement des écoles de philosophie et de science en Grèce.	600 (?)	600	600	600	600	Le mouvement en déclinaison du soleil attribué aux vents étésiens d'Égypte, par les Grecs.
Les Ptolémées de Macédonie, rois d'Égypte.	300	300	300	300	300	Les temples de l'île de Philæ.

III

Les Pyramides d'Égypte en général

Tout touriste, voyageant en Égypte, par terre ou par eau, n'éprouve aucune difficulté à trouver les pyramides. Si cependant il y pénètre, comme autrefois, dans de petites barques, par quelqu'une des embouchures du Nil, ce n'est qu'après avoir suivi, sur toute leur longueur, ces divers cours d'eau jusqu'à leurs jonctions finales avec le fleuve devenu grand, un et solitaire, dont ils émanent, presque dans un seul et même endroit, et là où doit nécessairement passer chaque voyageur, en tête du Delta, que les pyramides apparaissent; mais alors, quel magnifique coup d'œil elles présentent!

L'Égypte, à partir de ce confluent des branches nombreuses ou petits fleuves du Delta, et au delà, vers le sud inconnu — ainsi que l'a très-bien dit l'ancien voyageur anglais sir John Mandeville, — « est un pays resserré, c'est-à-dire, étroit; » sans autre largeur que celle du fleuve avec son terrain plat d'alluvion de chaque côté et que surplombent sur toute sa longueur des falaises et des chaînes de collines à sommets plats, ou les plateaux rocheux du désert, presque à portée de la main des voyageurs qui naviguent sur le fleuve. Les vents étésiens font de temps immémorial remonter les embarcations sur le cours paisible du Nil, et les poussent vers le sud et le désert, qui toujours se presse de plus en plus sur la fertile vallée. C'est alors que sur un trajet d'une quarantaine de milles, dans une direction toujours méridionale, l'on voit apparaître l'une après l'autre les pyramides, qui découpent nettement leur profil hardi sur le ciel occidental; chacune d'elles est assise sur le bord du roc libyen et domine la basse vallée de l'Égypte. On pourrait bientôt oublier une seule pyramide, mais une quarantaine, qui se dressent l'une après l'autre dans une longue journée de trajet, et qui répètent leur solennel et silencieux témoignage des temps anciens, — font sur l'esprit humain une impression que jamais aucun genre d'édifice n'a pu égaler. Mais ce spectacle cesse enfin, et la revue des pyramides terminée, le voyageur sur le Nil ne le voit plus se reproduire, si loin et si avant qu'il pousse son excursion. Il pourra voir encore des collines arides, des coteaux criblés de tombeaux, des plaines hérissées de statues commémoratives, des temples aux innombrables piliers, aux colonnes terminées par des bouquets de feuilles de papyrus ou de lotus ; il pourra voir tout cela en immense quantité, mais il ne reverra plus une seule pyramide, quand même il traverserait toute l'Égypte jusqu'à la terre de Syène, et la Nubie jusqu'à la seconde cataracte. Il est vrai qu'au delà, en Éthiopie, ainsi qu'à Barkal et à Méroé, on rencontre quelques petites constructions sépulcrales, une sorte d'imitation combinée des pyramides de Memphis et des temples de Thèbes, mais ce n'est guère qu'une reproduction diminutive et sans caractère de deux époques très-différentes. Si, après cela, on continue dans la direction méridionale, on ne trouve plus, en aucun genre, le moindre débris d'architecture.

La région des pyramides d'Égypte commence donc au coude du Delta, à 30° de latitude nord ; c'était là le point d'arrivée des tribus immigrantes venant de l'est, d'où elles se répandaient dans la fertile vallée, tout près de l'endroit où se trouve aujourd'hui le Caire ; et c'est entre l'ancienne Héliopolis au nord et Memphis au sud, que s'étend l'emplacement des pyramides sur le côté occidental du fleuve, vers 29° 20' de latitude nord ; il s'arrête ensuite complétement.

Maintenant, deux des égyptologues modernes les plus distingués, William Osburn en Angleterre, et le docteur Lepsius en Allemagne, ont tous les deux et chacun de son côté, prouvé avec succès *par les monuments*, — la seule et unique manière de prouver quoi que ce soit de l'Égypte ancienne, — que la civilisation égyptienne a commencé à cette couronne du Delta, puis de là s'est avancée avec le temps *vers le sud*, en remontant le cours du Nil.

Donc, en termes généraux, la grande Pyramide, celle qui se trouve le plus au nord de toutes (1), est égypto-logiquement la plus ancienne; et toutes celles que l'on trouve plus au sud, sont d'une date de plus en plus rapprochée. Ce qui ne veut pas dire que ce sont celles qui sont le plus au sud qui sont le mieux conservées; car plusieurs de ces édifices postérieurs ont été construits en briques, et *ils* sont tous tombés en ruines, ne formant plus aujourd'hui que des monceaux de débris; ajoutons aussi que plusieurs des pyramides de pierre ont été fort mal bâties, ou bien n'ont eu ni la grandeur ni la solidité nécessaires pour résister à la fois aux intempéries des saisons et aux dégâts causés par la main de l'homme; de sorte qu'aujourd'hui elles sont presque entièrement ruinées.

On voit ainsi que la simple apparence de *dilapidation* n'est pas une preuve d'antériorité d'âge; sous cet important point de vue, nous devons surtout nous en rapporter aux égyptologues et aux travaux non moins habiles que pénibles par lesquels ils ont calculé la durée des règnes des différents rois, au moyen des inscriptions hiéroglyphiques, ainsi qu'aux résultats de leurs théories générales du progrès de la civilisation égyptienne, résultats résumés et condensés dans le *Denkmœhler;* où, selon les paroles éloquentes de Lepsius lui-même. la grande Pyramide forme le pilier auquel se rattache le premier anneau de la chaîne de l'histoire de l'Égypte ainsi que de toute l'histoire ancienne; et où « la grande Pyramide de Saccara », qui se trouve fort en ruine, et qui a passé jadis pour être la plus ancienne, se trouve être placée bien bas sur la liste chronologique.

(1) A l'exception toutefois de la tentative avortée d'Abou-Roash.

Mais la supériorité de *dimensions* peut s'établir sans le moindre recours aux égyptologues et simplement par la science moderne, d'après des principes de mesure compris de tout le monde. On trouvera ci-après un tableau figuratif, tiré surtout de l'ouvrage d'un infatigable explorateur des pyramides, le colonel Howard Vyse, et de son intelligent ingénieur, M. Perring, qui, tout en conservant un nombre assez considérable d'erreurs probables sur l'une en particulier ou sur toutes les déterminations en gènéral, ne laisse cependant aucun doute sur le droit au titre de GRANDE PYRAMIDE réservé légitimement à une seule d'entre toutes (elles sont beaucoup moins nombreuses que le rapportent certaines relations fabuleuses) (1), c'est-à-dire, à celle qui s'élève le plus au nord, sur la colline de Jeezeh, et qui est communément appelée la GRANDE PYRAMIDE, ou la GRANDE PYRAMIDE DE JEEZEH, Ghizeh, Gizeh, Djiseh, Dscheezeh, etc., suivant les diverses manières dont les Européens écrivent ce nom-là.

(1) Ces écrivains, qui ont parlé de *plusieurs centaines de Pyramides* en Egypte, et qui ont assigné de seize cents à deux mille ans à leur construction, doivent sûrement y avoir compris de simples tombeaux en ruines, en leur donnant à tous des dimensions approchant de celles de la grande Pyramide; mais les seuls monuments qui se rapprochent réellement de ces proportions, sont la deuxième Pyramide de Jeezeh, les deux grandes de Dashoor, et la grande de Saccara.

L'érudit docteur Lepsius se trompe lui-même sur le nombre, qu'il fait trop grand, des pyramides égyptiennes. Il en compte soixante-sept; ce qui arrache à l'admirable égyptologue sir Gardner Wilkinson, ce cri de mélancolie touchante : « Il est bien triste que les restes de ces soixante-sept pyramides ne puissent pas être retrouvés. »

TABLEAU DES PYRAMIDES D'ÉGYPTE

S'ÉLEVANT TOUTES SUR LE DÉSERT LIBYEN MAIS TOUT PRÈS DU COTÉ OCCIDENTAL DE LA VALLÉE DU NIL

MESURES APPROXIMATIVES SURTOUT D'APRÉS HOWARD VYSE

Numéros d'ordre.	NOMS DES PYRAMIDES	Latitude nord	ANGLE d'élévation des faces à l'horizon.	LONGUEUR d'un côté de la base (ayant toujours 4 côtés).		AXE CENTRAL ou hauteur verticale		DÉVIATION des côtés de la base des points cardinaux	Simple approximatis des dates absolues de construction
				Actuelle.	Ancienne	Actuelle	Ancienne		
		° ′	° ′ ″	pouces angl.	pouces anglais	Pouces angl.	pouces angl.	″ ′ ″	av. J.-C.
1	Grande Pyramide de Jeezeh........	29 59	51 51 14	8950	9140	5410	5810	0 4 35	2170
2	Seconde — —	29 59	52 20 0	8290	8493	5370	5451	On la croit petite.	2130
3	Troisième — —	29 58	51 0 0	4200	4257	2436	2616	—	2100
4	Quatrième — —	29 58	en degrés	1230	2200	834	1440	—	2130
5	Cinquième — —	29 58	52 15 0	1656	1749	1000	1119	—	
6	Sixième — —	29 58	en marches	1230	2200	824	1440	—	
7	Septième — —	29 59	52 10 0	1500	2070	540	1332	—	
8	Huitième — —	29 59	52 10 0	1500	2070	660	1332	—	2100
9	Neuvième — —	29 59	52 10 0	1440	1920	960	1221	—	
10	Pyramide d'Abo-Roash, rien qu'un commencement en ruines...............	30 4	sans revêtement	3840	x	480	x	—	x
11	Pyramide de Zoioyat-el-Arrian.........	29 57	rien que des ruines	3600	x	730	x	⋯	2100
12	Pyramide de Reegah, avec deux pentes successives.......................	29 56	75 20 0 / 50 0 0	1200	1480	500	1150	—	
13	Pyramide septentrionale d'Abooseir....	29 54	51 42 0	2600	3084	1400	1953	—	
14	Pyramide centrale —	29 54	51 (?)	2560	3288	1384	2056	—	
15	Grande Pyramide —	29 54	52 (?)	3900	4317	1970	2734	—	
16	Petite Pyramide —	29 54	50 (?)	650	905	216	564	—	
17	Pyramide I, à Saccara.................	29 53	rien que des débris	2500	x	700	x	—	2050
18	Pyramide II —	29 52	52 (?)	2150	2775	1300	1758	—	2000

Numéros d'ordre.	NOMS DES PYRAMIDES	Latitude Nord.	ANGLE d'élévation des façades à l'horizon.	LONGUEUR d'un côté de la base (ayant toujours 4 côtés) Actuelle	LONGUEUR Ancienne	AXE CENTRAL ou hauteur verticale Actuelle	AXE CENTRAL Ancienne	DÉVIATION du côté de la base des points cardinaux	Simple approximation des dates absolues de construction
		° ′	° ′ ″	pouces angl.	pouces anglais	Pouces angl.	pouces angl.	° ′ ″	av. J.-C.
19	Grande Pyramide ou Pyramide III, à Saccara...	29 53	73 38 0 en degrés	3700 4200	4214 du N. a. S. 4727 de l'E. à l'O.	2200	2403	4 35 0	2030
20	Pyramide IV, à Saccara	29 53	en ruines	2640	x	740	x	On la croit petite.	
21	Pyramide V, —	29 53	—	3000	x	480	x	—	
22	Pyramide VI, —	29 53	—	3240	x	960	x	—	
23	Pyramide VII, —	29 53	—	1680	x	330	x	—	
24	Pyramide VIII, —	29 53	—	2880	x	1044	x	—	
25	Pyramide IX, —	29 53	—	2900	x	900	x	—	2000
26	Base de pyramide ou simple plate-forme pyramidale de Mustabet-el-Faraoon..	29 51	en degrés	3500 2300	3708 du N. au S. 2004 de l'E. à l'O,	650	720	—	1950
27	Pyramide septentrionale, en briques, de Dashoor	29 49	51 20 0	4300	4200	980	2586	—	1950
28	Pyramide septentrionale, en pierre, de Dashoor	29 49	43 36 0	8400	8633	3918	4111	—	
29	Pyramide occidentale, en pierre, de Dashoor, avec deux pentes successives	29 48	54 14 0 42 59 0	7400	7460	3834	4029	—	
30	Petite Pyramide de Dashoor	29 48	50 11 0	1700	2172	816	1281	—	
31	Pyramide méridionale, en briques, de Dashoor	29 48	57 20 0	4800	4440	1872	3208	—	1900
32	Pyramide septentrionale, de Lisht	29 38	en ruines	4320	x	1080	x	—	1900
33	Pyramide méridionale	29 37	—	5400	x	822	x	—	
34	Fausse Pyramide, ou celle de Maydoon, à sommet aplati	29 27	74 10 0	5388	x	1494	x	—	1850
35	Pyramide d'Illahoon	29 17	en ruines	4320	x	1380	x	—	
36	Pyramide de Howara	29 18	—	3600	x	1270	x	—	
37	Pyramide de Biahmoor avec deux pentes successives	29 26	63 30 0 50 (?)	360	1440	360	x	—	
38	Seconde Pyramide de Bahmoor, avec deux pentes successives	29 26	63 30 0 50 (?)	360	1440	360	x	—	1800

Si nous avions pu donner comme supplément au tableau ci-dessus une description de la construction intérieure des pyramides, on verrait que tandis que toutes contiennent dans les flancs de leurs masses solides — seulement un étroit corridor descendant d'une certaine hauteur au nord et terminé par une chambre souterraine — et quelques-unes d'entre elles, en même temps, d'autres corridors assez semblables et des chambres basses ayant leur entrée à l'est ou à l'ouest, œuvre généralement de quelque roi ayant choisi pour sépulture le tombeau de son prédécesseur ; — ce n'est que dans la grande Pyramide qu'à partir du premier couloir descendant, celui du nord, on trouve un système régulier de couloir *montant* et de chambre haute, pratiqué dans la partie de la maçonnerie située au-dessus du niveau du sol.

De fait, il résulte déjà de la plus simple inspection que la plus élevée, la plus grande, la mieux bâtie et la plus parfaitement organisée de toutes les pyramides d'Egypte est la grande Pyramide, qui se trouve en même temps la plus ancienne de toutes ; les autres n'en sont que des imitations postérieures, superficielles, ignorantes, de quelques-unes de ses parties seulement, et entreprises par des gens moins capables, moins dévoués ou moins instruits. En effet, leurs pyramides sont de plus en plus petites et mesquines, jusqu'à ce qu'elles viennent à cesser tout à fait, à une époque encore très-ancienne de l'histoire d'Egypte, avant la naissance de ce style d'architecture très-différent qui, plus tard, atteignit sa plus haute expression à Thèbes et à Philæ, et qui est connu dans le monde entier comme « l'architecture égyptienne » par excellence ; architecture décrite, expliquée, admirée et presque adorée dans cinq cents livres modernes des égyptologues, des hiéroglyphistes, des littérateurs, et des vulgarisateurs.

Nous n'avons donc affaire qu'à la grande Pyramide, la plus ancienne de toutes, et notre but, un peu ambitieux peut-être, et trop élevé, est, ni plus ni moins, de savoir

— qui à le premier inventé et dessiné la grande Pyramide, — qu'a voulu en faire son auteur; — pourquoi a-t-il adopté la proportion et les dimensions qu'on y trouve encore, — tous points sur lesquels ne peuvent nous donner grands renseignements MM. les égyptologues modernes, qui, négligeant les particularités nombreuses de la grande Pyramide, et acceptant toutes les pyramides comme un fait accompli en masse, ont conclu, — d'après les usages auxquels avaient été destinées les dernières, les plus petites et les plus imparfaites des pyramides, — qu'elles avaient eu toutes la même destination, sans jamais se mettre en peine du pourquoi ni du comment du dessein *primitif*, si complétement différent.

Il est évident que dans ces derniers âges de l'Egypte ancienne, délices des égyptologues, les pyramides avaient été construites pour servir de tombeaux; et la théorie établie par Lepsius, Wilde et Bonomi peut être vraie; il se peut: 1° que chaque Egyptien se préoccupât plus de se construire un tombeau, « la bonne maison » pour les morts, qu'une habitation pendant sa vie; 2° que le tombeau des rois avait d'ordinaire la forme d'une pyramide; 3° que chacun commençait sa pyramide dans la première année de son règne, en creusant une chambre souterraine avec un corridor en pente; puis faisant placer de plus en plus chaque année des blocs carrés l'un sur l'autre, au-dessus de ce souterrain, en forme pyramidale, jusqu'à sa mort; et alors un revêtement final extérieur de pierres équarries ou en biseau, ajouté par son successeur, complétait une pyramide unie, dont la grandeur montrait le nombre d'années qu'avait vécu le roi.

Mais, outre que cette théorie garde un silence complet sur les raisons qui ont fait choisir la pyramide à base carrée parmi toutes les autres pyramides, ou encore la forme pyramidale entre toutes les autres formes possibles pour les tombeaux, quand il fut question de bâtir la première pyramide; elle parle encore moins des traits qui distinguent la grande Pyramide de toutes les autres pyramides d'Egypte, soit par les proportions de ses angles et de ses lignes, soit par son système de couloirs ascendants et de chambres sous-aériennes. Cette théorie ne s'accorde nullement non plus avec les détails recueillis par Hérodote, qui vivait à une époque de 2,300 ans plus rapprochée que la nôtre de la date des Pyramides, intervalle qui a droit à un certain respect de la part des explorateurs modernes, bien qu'on ne puisse se fier que faiblement à *chacun* des petits détails que le curieux historien grec a recueillis de source égyptienne, mais par l'entremise d'un interprète asiatique sujet à caution.

La description d'Hérodote, le père de l'histoire, concernant les principaux et les plus grands traits de la fondation de la première de toutes les pyramides, c'est-à-dire de la grande Pyramide, se trouve être ainsi complétement différente des théories récemment élaborées par le docteur Lepsius et par ses émules pour les pyramides subséquentes. Hérodote, en effet, déclare nettement que la grande Pyramide a été commencée d'emblée, sur un plan bien arrêté, pour en faire un édifice colossal; que la préparation d'une immense chaussée, pour le transport des pierres disposées dans d'immenses travaux souterrains, a duré dix ans, avec des relais grandioses et réguliers d'ouvriers,c'est-à-dire cent mille hommes frais tous les trois mois ; que la construction du monument a été poursuivie ensuite avec rapidité, et, malgré ses dimensions gigantesques, achevée dans l'espace de vingt ans ; que le roi a vécu encore longtemps après, son règne ayant duré cinquante-six ans; et finalement qu'il n'a pas été enseveli dans la grande Pyramide,mais dans une sorte d'île souterraine, entourée par les eaux du Nil. Le niveau de la chambre souterraine de la grande Pyramide est de 40 pieds au-dessus (*above*) le niveau des eaux du Nil, même dans son inondation.

Quand Hérodote ajoute plus loin que les prêtres égyptiens ont attribué un très-mauvais caractère moral à ce roi (nommé Chéops par les Grecs, Shofo ou Shufu, ou Khoufu par les Egyptiens), surtout, pour avoir fermé les temples et empêché le culte des dieux, il commence ce feu de vertueuse indignation qui ne s'est jamais éteint depuis dans l'esprit des hommes, ainsi qu'on peut le voir par les nombreux moralistes et rhéteurs, depuis Pline le Jeune jusqu'à l'auteur de « Friends in Council » (*l'assemblée d'amis*) — contre la rapacité, la tyrannie, la rage et autres crimes affreux de ce Shofo, opprimant son peuple par la folle et inutile construction de la grande Pyramide. Les autres rois qui ont construit les grands monuments d'architecture, ont reçu des éloges, tandis que Shofo, pour son œuvre bien plus durable, a toujours été blâmé jusqu'au moment où feu John Taylor ayant démontré, dans son ouvrage sur la grande Pyramide par qui et pourquoi elle a été bâtie, les anciennes récriminations ont été examinées à fond, au grand jour de la morale chrétienne; on a alors acquis la preuve, non d'une conduite impie de la part de Shofo, mais du fait qu'il pratiquait une *religion opposée* à celle des prêtres égyptiens, grand grief aux yeux de ceux-ci.

Leur religion, s'il faut s'en rapporter à l'histoire de Manéthon, l'un d'entre eux, n'était même avant l'époque de la construction de la grande Pyramide, qu'une forme grossière, trop bien attestée par des monuments authentiques, de la déification d'animaux. Ainsi « on ado- « rait le bœuf Apis à Memphis, le bœuf Mnévis à Hélio- « polis, et une chèvre dans la ville de Mendès. »

Or ce fut à cette forme de religion que s'attaqua Shofo, et c'est elle qu'il parvint à arrêter quelque temps. Fut-il pour cela, comme d'autres l'ont dit, un athée, ou ne fut-il pas plutôt un adorateur du vrai Dieu? Comment un athée eût-il pu être en même temps un roi qui a réussi à construire le plus grand édifice de pierre que le monde ait jamais vu jusqu'à nos jours? — Ceux qui connaissent la nature humaine, savent qu'il aurait alors rempli l'édifice d'orgueilleuses inscriptions à sa propre louange. Or les explorations modernes nous montrent qu'on ne trouve son nom formellement gravé dans aucun des couloirs ni dans aucune des chambres de réception sur toute l'étendue de l'édifice. — Il n'a cependant pas échappé aux recherches modernes, puisque, dans ces derniers temps, il a été retrouvé involontairement caché (non gravé non sculpté, mais écrit en caractères grossiers et informes, au simple crayon) dans la substance de la maçonnerie intérieure, sous forme de « marques de la carrière des maçons » sur les côtés intérieurs de quelques pierres, marques qui ne sont venues à la lumière que dans les temps modernes, par le brisement de la masse solide de l'édifice. — Hérodote lui-même, sans le vouloir, et par conséquent d'une manière tout exceptionnelle, indique qu'il y avait alors avec le roi Shofo, un pasteur patriarche, de Mésopotamie ou de Palestine, lui donnant des conseils et lui imposant ses mesures antiégyptiennes, pendant la construction de la grande Pyramide ; il donne à ce prince-berger le nom de Philition.

Ce n'est là qu'un tout petit indice, bien que d'une importance et d'une valeur singulière, surtout si nous considérons qu'il s'applique à un édifice comme on n'en avait jamais vu jusqu'alors, et que jusqu'à nos jours la main de l'homme n'a pu encore égaler. Cependant cet édifice a été élevé à une époque où les hommes étaient peu nombreux sur la terre, et où l'on ne connaissait encore ni la richesse qui centuple le travail, ni la science qui assujettit même la nature à ses desseins.

Examinons donc la grande Pyramide d'une manière plus particulière, et dans les caractères qui lui sont propres.

IV

La grande Pyramide dans l'histoire

Il n'est pas facile d'amener les hommes à rompre avec un ordre d'idées dont ils ont pris l'habitude, sous la garantie de noms considérables. Rien d'étonnant, par conséquent, que la société se soulève opiniâtrément contre notre problème des âges, déclarant, avec une foi ferme et inaltérable, que si la grande Pyramide se trouve en quelque partie de l'Égypte, elle *doit* être couverte d'inscriptions hiéroglyphiques, décoration orthodoxe de tous les monuments égyptiens ; que dans ce cas, il convient de s'en rapporter aux égyptologues, qui, versés dans la connaissance de ces caractères symboliques et de l'ancienne langue des Coptes, sont plus en état d'en donner l'explication qu'aucun astronome de nos jours.

Mais où sont ces prétendus hiéroglyphes de la grande Pyramide?

On ne les trouve sur aucun des murs intérieurs, soit des chambres, soit des couloirs; bien que ce soient les parties mêmes — *mutatis mutandis* — ordinairement couvertes de ce genre d'écriture ou plutôt de peinture, dans tous les tombeaux purement égyptiens, des rois, des prêtres ou du peuple, à Thèbes. Et l'on peut affirmer ce fait d'autant plus positivement pour la grande Pyramide, que la surface de ses murs intérieurs est encore dans un état merveilleux de conservation, les uns étant en calcaire presque aussi dur que du marbre, et d'autres en granit rouge poli comme des glaces. Si l'on y avait gravé des hiéroglyphes, même microscopiques, ils seraient encore aujourd'hui manifestement visibles ; et cependant, les officiers du Kedhive ayant lavé pour moi les murs à l'eau et au savon, en janvier 1864, il n'a été possible de rien trouver.

« Oui, mais il se pourrait que l'on eût gravé des ins-
« criptions sur la surface *extérieure* de la pyramide,» —
objectera quelqu'un de mes contradicteurs. — « Il est
« bien vrai, en effet, que cette surface extérieure n'existe
« plus; elle a été enlevée par les premiers califes maho-
« métans du Caire, sous forme de belles pierres blan-
« ches d'une surface extérieure complétement unie, et
« qui furent employées pour construire les premières
« mosquées et les grands aqueducs dont on eut besoin

« pour cette ville au moyen âge. Sur cette ancienne
« surface extérieure de la grande Pyramide, se trouvait,
« selon la déclaration même d'Hérodote, une inscription
« qu'il a vue de ses propres yeux et que son interprète
« lui a lue. »

Et que disait cette inscription? Racontait-elle ce que
nous désirons si vivement savoir, c'est-à-dire quel était
l'auteur du plus grand édifice de pierre que le monde
eût jamais vu, quand et pourquoi il l'avait construit sous
cette forme et dans ces proportions?

Pas le moins du monde. Elle disait, ou plutôt l'habile
interprète lui a fait dire, quelques phrases ridicules à
propos de la quantité de radis, d'oignons et d'aulx consom-
més par les ouvriers pendant les travaux de construction ; enfin quelque chose de si futile et de si peu d'importance, quelque chose de si peu en rapport avec toutes les
grandes inscriptions égyptiennes, telles qu'elles ont été
depuis déterminées par les égyptologues, — qu'il n'y a
nulle difficulté à ranger cette prétendue interprétation
dans la catégorie des renseignements mensongers donnés
au candide philosophe grec aux yeux bleus, dans le cours
de son voyage en Égypte, et dont on connaît aujourd'hui
la fausseté positive ; — telle est, par exemple, l'assertion
que le Nil sort de terre, aux pieds des rochers de Syène.

L'interprétation peut avoir été fausse, reprendra
notre ami littéraire, mais il n'y en avait pas moins une
inscription.

Eh bien! Hérodote dit avoir vu une inscription de son
temps, 1,600 ans après la construction de la pyramide;
mais cela ne prouve pas qu'elle ait été l'œuvre des
premiers constructeurs. Au fait, comme l'a prétendu
W. Osburn, elle a pu être une inscription thébaine, de
1,200 ans postérieure à la date de la pyramide, et pareille
à celle qu'on peut voir encore sur l'escarpement artifi-
ciel entre la grande et la seconde Pyramide, si tant est
que ce ne soit pas la même.

Si ce n'est pas à cette inscription que fait allusion le

philosophe d'Halicarnasse, il l'aurait complétement passée sous silence, ce qui serait une grave omission, car elle existait de son temps, et on peut la voir encore s'étendant en caractères hiéroglyphiques, profondément et artistement gravés, sur une longueur d'environ vingt pieds, le long de la surface polie de la roche calcaire taillée en ligne parfaitement verticale. J'en ai pris une photographie dans mon excursion en Égypte, mais je n'ai pas trouvé à mon retour qu'elle ajoute rien à la lithographie déjà publiée dans l'ouvrage du colonel Howard Vyse et interprétée par le docteur Birch, du Musée Britannique.

Et que disait cette inscription?

Rien encore de ce que nous avons besoin de connaître au sujet de la grande Pyramide; mais simplement que Mari, surintendant des scribes à la cour du roi, à Thèbes (mille ans à peu près après la date de la grande Pyramide), a rendu visite, avec non moins d'admiration étonnée que d'ignorance, à ces monuments, qui déjà alors étaient des antiquités mystérieuses au nord de son pays natal.

Nous pouvons ainsi conclure avec certitude, d'après des restes positifs, que la surface extérieure de la grande Pyramide n'était pas *universellement* et *complétement* couverte d'inscriptions, comme ce fut l'usage sur les temples postérieurs de l'Égypte. En effet, outre la surface unie et non sculptée des deux grandes pierres de revêtement qui sont *in situ* sur la façade septentrionale, découvertes par le colonel Howard Vyse, celui-ci a trouvé de nombreux fragments d'autres pierres de revêtement également unies, dont trois ont été offertes par lui au Musée Britannique; j'ai trouvé, de mon côté, dix-neuf fragments de revêtement, épars sur tous les quatre côtés de la grande Pyramide en 1864; et en 1872, mon ami, M. Waynman Dixon, a découvert une jolie pierre de revêtement presque entière, qu'il m'a donnée en cadeau; mais je n'ai jamais aperçu sur aucune d'elles la moindre trace d'une inscription quelconque.

Bien qu'il nous faille prendre les plus grandes précautions pour expliquer la pyramide prototype par des traits de ses copies postérieures, — cependant, pour une inscription qui, si elle avait existé, devait être si visible, puisqu'elle était extérieure et qu'on aurait pu la copier, il est digne de remarque que, non-seulement sur la seconde pyramide de Jeezeh, où se trouve encore, près du sommet, une grande partie du revêtement primitif, mais même sur la pyramide méridionale en pierre de Dashoor, la plus remarquable de toutes les pyramides, après la grande, en hauteur et en largeur, où le revêtement se trouve presque tout entier *in situ*, du haut au bas et sur tous les côtés, on n'aperçoive cependant pas la moindre trace d'aucune inscription.

Il y a donc tout lieu de croire que si l'on pouvait replacer tout le revêtement de la grande Pyramide, comme il était au temps d'Hérodote, et à plus forte raison au temps des anciens constructeurs des pyramides eux-mêmes, il ne s'y trouverait rien où les hiérologues modernes et les lettrés en langue copte pussent lire aucun des renseignements que nous désirons, en tout cas rien de ceux qui ont été donnés à l'historien d'Halicarnasse. Le seul et unique renseignement que l'égyptologie hiéroglyphique ait pu donner relativement à la grande Pyramide, c'est que les marques de maçons (sur lesquelles nous avons déjà appelé l'attention de nos lecteurs), découvertes par le colonel Howard Vyse en brisant de vive force certains espaces obscurs et creux, près du centre de la pyramide, forment le nom du roi

Shofo, Shufu, Khoufu ou Suphis,  en tête des autres caractères, donnant des ordres aux ouvriers sur la manière dont ils devaient placer ces pierres, dans un mur au sud, au nord ou ailleurs, mais faisant tout simplement une allusion loyale et nécessaire, Shofo étant le roi régnant à cette époque ; et il y a d'autres allusions semblables, sur d'autres blocs, à un autre roi 

Nu-Shofo ou Nu-Shufu, que bien des érudits disent être
le frère et le successeur de Shofo.

Hérodote au moins devrait être satisfait de cette décou
verte moderne du *nom* du roi chef constructeur, en tant
qu'elle confirme le nom grécisé de Chéops, employé par
lui ; et son autre remarque que ce roi n'a pas été enterré
dans la grande Pyramide, semble aussi confirmée par
la découverte plus récente encore, ou plutôt par la
reconnaissance du genre exact de sépulture décrit par
l'Halicarnassien, c'est-à-dire « une île souterraine en
tourée par l'eau du Nil. » Cette reconnaissance, autant
que je puis le savoir, est due à un auteur pseudonyme,
vivant encore, Carl von Rickart, bien que la découverte
ait été publiée dans les travaux consciencieux et très
coûteux du colonel Howard Vyse, en 1837.

Sur une partie de la côte sud-est de la colline, entre
la grande Pyramide, la seconde Pyramide et le Sphinx,
le colonel Howard Vyse remarqua, pendant son séjour à
Jeezeh, que son aide, — c'était alors M. Caviglia, —
était occupé à faire enlever le sable d'un des puits
tombeaux qu'un sheikh arabe avait commencé à dé
blayer, puis avait abandonné, à cause de ses vastes
proportions, qui dépassaient la portée de ses moyens.
M. Caviglia étant venu à le quitter, le colonel, bien que
fort absorbé par les explorations de la grande Pyramide,
entretint cependant de grands relais d'hommes au
déblayage de ce tombeau, et ne s'arrêta que quand tout
le sable eut été enlevé, et qu'on eut découvert certains
sarcophages et de nombreuses menues idoles vertes,
trouvées dans un petit édifice central, à une immense
profondeur.

Peu de temps après, le colonel fut si charmé, grâce à
l'explication donnée par le docteur Birch, de plusieurs
des hiéroglyphes inscrits sur ces sarcophages, sur les
doles vertes et aussi sur une petite partie des murs du

tombeau,— hiéroglyphes parlant tous de la **XXVI**e dynastie, presque la toute dernière dans le long cours de l'histoire ancienne d'Egypte, environ 570 ans avant J.-C., — qu'il ne se donna pas le temps de considérer les caractères généraux de mécanique et d'hydraulique de ce qu'il venait de découvrir. Il vécut en conséquence et mourut avec la croyance que le tombeau de Chéops, tel qu'il a été hydrauliquement décrit par Hérodote, sera découvert un jour ; mais il n'eut jamais la moindre idée qu'il venait d'être découvert et mis à nu à la lumière du jour. Or qu'était-ce donc que ce qu'il venait ainsi de manifester ?

Ce n'était ni un tombeau construit à la surface du sol, comme tant d'autres sur cette colline, ni une chambre sépulcrale creusée dans le roc (comme celles où ma femme et moi avons vécu pendant quatre mois à Jeezeh), ni une chambre souterraine, où l'on parvient par une étroite ouverture en forme de puits, comme presque partout en cet endroit ; mais, sur le sol même, un immense puits carré, aux parois nettement et verticalement taillées dans le roc, à une profondeur de 53 pieds ; et là au fond, sur le sol uni, un petit édifice de pierres bien dressées, avec une voûte double au-dessus, pour résister à une forte pression, renferme un sarcophage très-massif. En dehors et tout autour de ce puits, se trouve une tranchée carrée, dont les côtés ont 5 pieds de large et 70 pieds de long, et plus bas encore que le sol central, c'est-à-dire à une profondeur de 73 pieds au-dessous du niveau de la surface extérieure, et à 15 pieds au-dessous du niveau des inondations actuelles du Nil, qui s'infiltrent et pénètrent à travers ces rochers facilement et abondamment.

Qu'avons-nous donc ici, si ce n'est précisément une île souterraine, entourée en certaines saisons par les eaux du Nil? c'est d'ailleurs la seule que l'on connaisse sur la colline de Jeezeh. Il est vrai que les sarcophages et les inscriptions hiéroglyphiques sont tous de la

XVIIIe dynastie, et non de la IVe, et que le tombeau était encombré de ces restes très-modernes de l'Égypte ancienne qui en faisaient, selon la remarque du colonel Vyse, un vrai *columbarium*. Mais il n'y eut rien de si commun que de rouvrir les vieux tombeaux, et de s'en servir de nouveau dans les derniers temps de l'Égypte ancienne. Les hommes dégénérés de la XXVIe dynastie avaient donc pu graver facilement leurs petits hiéroglyphes sur les surfaces unies de cette gigantesque excavation ; mais il n'aurait pas été aussi facile à ces *Égyptiens de la décadence*, si même cela leur eût été possible, de concevoir l'idée et d'exécuter l'œuvre de tailler tout entier dans le vif du roc ces grandes profondeurs carrées.

Le caractère grandiose et plus que cyclopéen de ce tombeau, au point de vue mécanique, témoigne autant en faveur des anciens temps, que la masse simple et compacte des indestructibles pyramides contraste avec l'architecture fragile des temps modernes. Et ce témoignage reçoit encore une éclatante confirmation de l'admirable découverte de M. Mariette-Bey, faite depuis Howard Vyse, d'un édifice que plusieurs ont appelé, à cause de sa proximité du sphinx, le *temple* de cette vieille et imposante idole ; mais que l'on doit plutôt considérer comme le tombeau du roi Shafré 〔⳽ ⳥ ⊙〕 parce que la statue de ce roi que l'on suppose généralement avoir été le constructeur de la seconde Pyramide, a été découverte par M. Mariette au fond du puits sépulcral dans la chambre la plus orientale de ce prétendu temple, et parce que le couloir d'entrée, quoique horizontal, est caractérisé par sa direction azimutale ; en effet, contrairement aux murs environnants qui sont orientés astronomiquement, il se dirige obliquement (1) vers le centre de la face est de la seconde Pyramide.

(1) Parmi les divers auteurs qui ont attribué au sphinx le magnifique temple souterrain et primitif de M. Mariette, se trouve

La statue mentionnée ci-dessus, sculptée dans le diorite le plus dur (matière si dure et opération si difficile qu'elles ne comptent aucun partisan parmi les sculpteurs modernes), orne aujourd'hui le musée Boolak, du gouvernement égyptien : elle porte le chiffre du roi Shafré, au dire unanime de tous les égyptologues. Mais les **murs** de toutes les chambres de cet édifice sépulcral, soit en granit, soit en albâtre, ne portent aucune inscription relative au roi Shafré ou à tout autre ; ils sont unis, polis et prêts (maintenant qu'ils sont découverts) à recevoir le nom du premier venu, s'il a la moindre velléité d'y inscrire son propre nom. Ce qui ne prouverait pas pourtant que Shaffré ait construit l'édifice, ou qu'il ait été le premier à s'en servir.

Cette leçon n'est pas de peu d'utilité pour les recherches sur la grande Pyramide. Car si nous *venions* à trouver la moindre petite inscription sur les murs nus de ce monument primitif, comment pourrions-nous prouver qu'elle a été mise par les premiers constructeurs, et non par des hommes appartenant à des âges bien postérieurs et très-probablement d'idées complétement différentes. Mais heureusement on n'a encore découvert là aucune inscription de ce genre, aucune source pareille

M. Renan, dont le brillant article à ce sujet a paru dans le numéro d'avril 1865 de la *Revue des Deux-Mondes*. Il admet que ses murs sont nus et sans aucune trace d'hiéroglyphes, ou de symboles idolàtriques, — mais il maintient que le couloir d'entrée est dirigé vers le sphinx. J'ai cependant une photographie sur verre faite par moi, qui prouve d'une manière très-concluante que M. Renan est atteint d'une parallaxe bien remarquable de la vision. Car non-seulement le susdit couloir n'est dirigé vers aucune partie de toute la longueur du sphinx, bien moins encore de sa façade à sa partie antérieure, — mais il est exactement tonrné vers l'ouverture orientale des restes de la simple architecture cyclopéenne nommée le temple, du côté oriental de la seconde Pyramide, — ou

de la pyramide même construite par le roi Shafré 

selon l'opinion de la plupart des égyptologues.

d'incertitude, aucun terrain sur lequel pussent s'appuyer les égyptologues hiéroglyphiques.

Il existe encore, outre le récit d'Hérodote, d'autres preuves empruntées à la mécanique et aux pyramides elles-mêmes, pour constater que le roi Chéops n'a pas été enterré dans la grande Pyramide ; — car la chambre sépulcrale proprement dite, la seule et unique chambre au-dessous de la surface du sol, et ayant la forme d'un sépulcre — peut être examinée, et on la trouvera notoirement inachevée. On avait commencé à la tailler carrée et régulière vers le plafond, sur l'immense échelle de 43 pieds de long sur 28 de large, mais tandis qu'elle a 14 pieds de profondeur à l'extrémité orientale, elle n'en a que 3 du côté de l'ouest ; le sol, en outre, est affreusement inégal, comme celui d'une carrière en exploitation.

C'est là cependant la vraie chambre sépulcrale, si tant est qu'il y en ait une, de la grande Pyramide. En effet, on en voit d'analogues dans les pyramides postérieures ; c'est-à-dire que l'inévitable chambre souterraine, avec le couloir en pente qui y descend, et qu'elles possèdent toutes, était réservée pour des sépultures ; on a d'ailleurs trouvé des sarcophages dans plusieurs d'entre elles.

Les autres chambres toutes sous-aériennes de la grande Pyramide, n'ont d'analogues dans aucune des autres pyramides, apparemment parce qu'elles étaient inconnues à leurs constructeurs, qui faisaient de toutes leurs constructions des imitations grossières de ce grand monument, plutôt à la façon des singes que des hommes. Ces personnes connaissaient la chambre souterraine et le couloir par lequel on y descendait, puisqu'elle a été parfaitement imitée en style dans toutes les pyramides subséquentes : Strabon, d'ailleurs, l'a décrite comme ayant été occasionnellement visitée de son époque ; et quand plus tard elle fut redécouverte, déblayée et visitée pour la première fois dans les temps modernes, par M. Caviglia, en 1820, on a trouvé des lettres romaines onciales en noir de lampe sur le plafond. Aucun des auteurs anciens, ni Hérodote, ni Diodore de Sicile, ni Strabon, ni Pline, ne dit le moindre mot des couloirs *ascendants*, ni des chambres sous-aériennes de la grande Pyramide; et on ne retrouve aucun indice sur les murs de ces chambres qui soit antérieur aux noms arabes des califes du Caire, à partir de l'an 850 depuis J.-C. et après.

Les Romains de l'Empire, les Grecs du temps de Ptolémée et même les anciens Egyptiens doivent n'avoir connu et parcouru que ce seul couloir descendant, avec la seule chambre souterraine inachevée de la grande Pyramide; ils ne connaissaient rien des autres couloirs et chambres qui s'y trouvent. En effet, le point où le premier couloir montant (par lequel on arrive aux autres chambres) se joint au plafond, se trouve à une distance de 100 pieds environ de l'air extérieur, et par conséquent dans une demi-obscurité, et ce point de jonction était caché par une grande pierre, disposée en haut de façon à fermer hermétiquement le trou d'entrée, et en bas de façon à ressembler aux autres nombreuses pierres plates et serrées qui forment le plafond du couloir descendant.

Si cette pierre était restée en place, aucun des égyptologues modernes de l'ordre hiéroglyphique, depuis Champollion, le brillant fondateur de cette science, jusqu'à l'érudit comte de Rougé, de nos jours, n'auraient pu nous donner le moindre indice sur l'existence de ce couloir supérieur et des chambres admirablement distribuées où il conduit. Ils ne sont décrits ni dans les inscriptions hiéroglyphiques des temples, ni dans les livres des prêtres égyptiens, ni enfin, dans les papyrus hiératiques ou démotiques de l'ancien empire de l'Egypte. Or ce sont précisément ces chambres sur lesquelles s'appuie principalement la théorie « moderne scientifique et sacrée » de la grande Pyramide.

Il est donc heureux pour nous qu'un accident ait révélé ce secret vers l'an 830 de notre ère, et non moins heureux que les personnes auxquelles venait d'être confié ce secret inattendu, fussent le calife Al-Mamoon et ses officiers mahométans ; car ils furent si complétement dégoûtés de la pauvreté de leur découverte — ainsi leur apparaissait-elle dans leur ignorance en matière scientifique, — qu'ils négligèrent dédaigneusement et pour toujours cet édifice, dont l'intérieur resta par conséquent à peu près intact et à l'abri de toute dégradation moderne, jusqu'à l'époque où Méhémet-Ali introduisit en Egypte un gouvernement éclairé, presqu'au moment où l'ouverture d'une route allant par terre aux Indes, et de là à la Chine, Java, l'Australie et tout l'Orient, allait détourner le torrent de voyageurs qui, chaque année, chaque mois et chaque jour, venaient s'abattre tant au dedans qu'au dehors de la Pyramide, d'une façon si irrévérencieuse qu'ils «ont même fait pleurer les anges.» Ils ne cessaient pas de grimper à l'extérieur de l'édifice uniquement pour jouir du coup d'œil et faire tomber quelques pierres ; ils ne pénétraient à l'intérieur que pour exécuter une danse triomphale sur le tombeau du roi Chéops, disaient-ils, ou pour prêter l'oreille aux échos éveillés par les coups de pistolet des Arabes, qui hurlaient pour de l'argent ; ou enfin pour détacher quelques fragments du coffre de granit, afin d'en faire cadeau à leurs amis lointains.

Ces procédés des voyageurs avaient réellement commencé à remplir de douleur et de désespoir les cœurs de tous les amis de la grande Pyramide, quand tout à coup un secours apparaît. Une nouvelle ligne de chemin de fer, allant directement d'Alexandrie à Suez, a remplacé depuis cinq ans l'ancienne route, et transporte les voyageurs d'une mer à l'autre sans arrêt dans le voisinage des Pyramides ; et depuis deux ans l'œuvre immortelle de M. Ferdinand de Lesseps, le canal de Suez, en les retenant à bord de leurs navires pendant la traversée d'Egypte, donne moins de facilité que jamais aux oisifs passagers de profaner ce qu'ils ne comprennent pas ; ce que le monde entier, s'ils venaient à le détruire sans y penser, ne pourrait jamais remplacer.

V

Recherches au moyen âge.

Alors que la forme de la grande Pyramide est, pour tout observateur, si claire, si évidente et si manifeste, et en même temps en si parfait accord avec la forme primitive du diamant, dont la moitié ou partie inférieure est cachée dans la terre ; et alors qu'elle se trouve être ainsi la réalisation même d'une figure constituant un des cinq corps réguliers de la géométrie, — il est vraiment étrange que l'école si universellement célèbre des géomètres gréco-égyptiens d'Alexandrie ne s'en soit en aucune façon occupée. Ils vécurent avec leurs superbes académies et leurs magnifiques écoles de science pendant presque mille ans dans le pays même de la Pyramide, près de et en vue de ses faces triangulaires au profil si nettement découpé, et de ses sommets aux angles si bien définis, parlant la langue même des propositions géométriques — sans nous avoir laissé aucune explication, aucun renseignement pouvant leur valoir la reconnaissance de la postérité.

Hérodote, cependant, le voyageur philosophe de l'ancienne Grèce, bien avant le commencement de l'époque alexandrine, vers 445 avant J.-C., avait écrit quelque chose à ce sujet. Mais après la fondation de la ville impériale au nord de Mizraïm, à part les *quasi-répétitions* d'autres parties non scientifiques de son récit par de plus récents voyageurs, tels que Diodore de Sicile, soixante ans environ avant J.-C., Strabon, dix-huit ans après J.-C., Pline, soixante-dix ans après J.-C., et quelques allusions politiques du prêtre égyptien Manéthon, et du bibliothécaire Ératosthène, il n'y a dans toute la littérature d'Égypte ou même d'Europe, depuis quatre cents ans avant jusqu'à quatorze cents ans après l'ère chrétienne, rien en dehors des contes arabes.

Il y a plus, la seule bonne remarque d'Hérodote ne produisit aucun effet sur ses compatriotes si curieux d'ordinaire, non plus que sur le reste du monde, et il a fallu que, de notre temps, un nouvel essor, une sorte de renaissance lui fût donnée, il y a douze ans à peine, par le regretté John Taylor, de Londres.

Les propres termes employés par le vieil Halicarnassien, ont pendant longtemps donné à entendre aux simples grammairiens que la longueur d'un côté et la hauteur de la grande Pyramide *étaient identiques*, ou, selon la correction de quelques commentateurs, *devaient être identiques*. Ils ne portaient en cela aucun remède à un cas désespéré. Car les mesures les plus exactes relevées dans les temps modernes, démontrent que la longueur d'un côté de la base est presque le double de la hauteur verticale du mystérieux édifice : la remarque fut donc rejetée, négligée ou méprisée, comme étant évidemment une erreur colossale. Cependant John Taylor ayant, dès 1859, commencé à reconnaître que toute la grande Pyramide était subordonnée à des lois géométriques, constata que, lorsque Hérodote en était arrivé à cette partie de sa description générale, il parlait de mesures carrées ou de surface ; ses particularisations doivent donc s'appliquer à ce même genre de mesure, et signifient que la hauteur verticale de la grande Pyramide, élevée au carré, exprime une étendue superficielle égale à la surface d'une des faces inclinées.

La justesse de cette traduction du texte grec défectueux, dans le sens géométrique et la langue moderne européenne, a depuis été approuvée et adoptée par le plus éminent et le plus érudit de nos savants anglais, par sir John Herschel ; et dès lors fut appliquée la pierre de touche de la science à la conclusion philologique, c'est-à-dire le renvoi aux meilleures mesures modernes de l'édifice encore debout, que l'on avait ainsi désigné deux mille trois cents ans auparavant. Et grande fut l'admiration de nos deux savants modernes, en découvrant

que la forme de la grande Pyramide, et de la grande
Pyramide seule entre toutes les pyramides égyptiennes,
se trouvait presque précisément être celle que ce texte,
ainsi corrigé et par là vivifié, a décrite; c'est-à-dire qu'aussi
exactement que nos meilleures mesures modernes peuvent
le démontrer, le carré de sa hauteur verticale est, en aire
superficielle, égal à la surface de l'une quelconque des
quatre faces en pente.

Ainsi le « Père de l'histoire », dans ce passage si
longtemps négligé, avait révélé une vérité frappante, et
qui, bien appréciée et suivie, aurait pu conduire aux
plus riches résultats. Mais n'ayant jamais été lui-même
un bien grand savant, il n'avait pas appliqué ses sens
au contrôle de ses propres paroles, et n'avait pas une foi
bien vive dans ce qu'il avait dit ou répété des traditions égyptiennes ; ses successeurs alexandrins valaient
moins que lui; de sorte que bientôt la question entière
des pyramides tomba pour longtemps dans un oubli
complet, et y resta jusqu'à ce que des esprits aussi
étroits que ceux des Mahométans, qui n'avaient jamais
rien connu de la Grèce ou de Rome, rouvrissent l'enquête à leur façon, à l'époque où ils commencèrent à se
sentir bien affermis dans leur domination despotique
sur un pays qui avait successivement servi tant de maîtres, depuis le temps où s'était achevée la construction
des pyramides.

J'avais eu l'intention d'introduire ici quelques détails
sur quelques-uns de ces premiers écrivains arabes, qui
ont traité des pyramides, de 900 à 1500 après Jésus-
Christ, soit en donnant leurs propres et bizarres récits
d'explorations locales faites par eux-mêmes ou par leurs
sultans, soit en nous transmettant, dans une autre langue,
des traditions évidemment coptes et très-anciennes, ni
mahométanes certainement, ni moyen âge, ni modernes,
relatives au but et au plan de l'érection de ce monument grandiose.

Mais en examinant de nouveau les innombrables ruisseaux et mares de cet amas de contes orientaux, et trouvant qu'à l'exception de l'indication évidente de nombreuses et très-anciennes croyances, populaires sur tout le sol égyptien, en faveur de la possibilité d'une origine scientifique de la grande et peut-être de la seconde Pyramide, il n'y a rien de certainement prouvé dans tous ces auteurs mahométans, rien qui ait été soumis au critérium d'une discussion contradictoire, rien enfin qui n'ait été déjà publié dans notre société moderne par nombre de savants orientalistes, français, allemands ou anglais (1), — je n'oserais me hasarder à retenir le lecteur plus longtemps au milieu de preuves négatives, si je n'avais été amené à les mentionner par l'idée de rendre à tous les écrivains du passé une stricte et égale justice.

Mais ayant maintenant accompli ce devoir jusqu'au bout, quel en est le résultat? Que devant nous se dresse, comme un mystère insondable, le plus grand édifice de cette terre, érigé au commencement du monde de l'homme; sans que ni Grecs, ni Romains, ni Coptes, ni Arabes, ni historiens, ni grammairiens, ni classiques, ni égyptologues aient jamais pu nous donner la moindre raison ni de tels ou tels traits particuliers qui caractérisent ce monument; ni des circonstances qui précédèrent ou dirigèrent la naissance de la plus durable, la plus pure, la plus innocente et la plus profonde au point de vue philosophique de toutes les œuvres de l'homme.

Il est donc temps de se demander ce que la science moderne, libre de tout précédent classique et littéraire, peut avoir à dire en face de ce problème de tous les temps et de toutes les nations.

(1) Voir Chapitre VI de *Our Inheritance in the great Pyramid*, 2e édition, par Piazzi Smyth : publié par W. Isbister, à Londres, 1874.

SECONDE PARTIE

La science moderne employée comme instrument de recherches sur l'antiquité.

VI

Forme de la grande Pyramide.

Par science moderne, je n'entends désigner aucune des nouvelles hypothèses ou expériences à propos de quelques phénomènes récemment observés, produits au grand jour dans ces dernières années, et qui, encore indigestes, ont été trop tôt élevées à la dignité de science par les demi-savants du jour, ces trop faciles échos des sociétés savantes ; — je veux parler seulement de ces sciences plus anciennes, mieux comprises et plus complétement développées, qui ont subi l'épreuve de plusieurs générations successives de travailleurs, et qui ont plus d'une fois démontré la vérité de leurs principes et la certitude de leurs fondements, par la production continue, fruit d'une culture intelligente, de moissons successives, d'importantes découvertes des secrets de la nature, témoins sérieux de l'étendue du pouvoir de l'homme sur le monde matériel.

Entre ces sciences, les mathématiques pures et appliquées doivent être mises au premier rang, dans l'opinion de tous ceux qui les connaissent bien ; viennent ensuite l'astronomie, l'optique, la mécanique, la thermodynamie et les autres sciences limitrophes.

Un de ceux qui de nos jours ont cultivé avec le plus

de succès la science moderne ainsi envisagée et ses méthodes, le profond mathématicien, physicien et philosophe Clerk Maxwell, a écrit qu'un des principaux caractères de cette science est son bon sens positif, irrécusable, et la parfaite rationalité de ses procédés; car sa première idée dans toute question nouvelle est *de demander quelle est la nature de la chose*, et la seconde, *de s'assurer en quelle quantité ou abondance elle est.*

C'est en conformité avec ces principes sages autant que simples que nous aborderons notre application actuelle de la science moderne à la grande Pyramide, connue déjà pour être une masse presque solide de maçonnerie, par des recherches d'abord sur sa *forme*, ensuite sur ses *dimensions ;* c'est-à-dire sur sa forme primitive et ses dimensions originales, telle enfin qu'elle est sortie des mains de ses constructeurs, et qu'elle est restée debout en face du monde pendant trois mille ans, sans à peine aucune altération visible, jusqu'au moment où les dilapidations et le pillage commencèrent il y a un millier d'années, sous les premiers califes modernes de l'Égypte.

LA FORME DE SA BASE.

Tout le monde doit aujourd'hui savoir, du moins il faut l'espérer, que la grande Pyramide est, par sa base, carrée et non pas triangulaire. Néanmoins le célèbre écrivain et métaphysicien allemand Friedrich-Wilhelm-Joseph von Schelling, ne le savait pas, et il produisit dans son ouvrage si admiré *Einleitung in die Philosophie der Mythologie* (réimprimé à Stuttgard en 1856, et qui fait l'un des plus beaux ornements de plus d'une bibliothèque universitaire), une théorie merveilleusement imaginée d'arithmétique et de théologie de la Pyramide, reposant entièrement sur cette erreur capitale et grossière, commise à propos d'un fait tout simple, affectant toute la pyramide, erreur que, par une observation sur place, un enfant même aurait pu corriger.

Mais bien que cette base soit généralement carrée pour tout le monde, puisqu'elle n'a évidemment ni plus ni moins que quatre côtés, et que ces côtés sont de grandeur approximativement égale, et en apparence à angles droits l'un par rapport à l'autre, sur un plan horizontal, — le savant moderne a droit de réclamer une plus ample information, et de demander, par des mesures précises, jusqu'à quel point la base actuelle de la pyramide se rapproche d'un carré parfait, vrai et théorique.

Ici nous nous trouvons immédiatement en conflit avec toutes les difficultés caractéristiques qui entourent tout phénomène de nature mesurable. L'homme n'en connaît et n'en connaîtra jamais aucun d'une manière parfaite; il peut seulement arriver, par des essais réitérés, à une approximation plus grande qu'auparavant, ou à des connaissances de plus en plus exactes dans les limites d'erreur de ses propres observations, et cela aussi bien avec des objets parfaits qu'avec des objets imparfaits. Encore, cette humble espèce de connaissance inductive n'est-elle donnée qu'à ceux qui se résignent à triompher péniblement de toutes les difficultés pratiques, tout arides qu'elles paraissent à bien des genres d'esprit.

Si le lecteur est prêt à se ceindre les reins et à me suivre courageusement au milieu de recherches négligées par le monde entier depuis quatre mille ans, — je ferai de mon mieux pour lui montrer quel est l'état actuel de la question.

La base de la grande Pyramide est-elle exactement carrée? Telle est la question qui se dresse devant nous ; il s'agit, sans doute, non d'une exactitude absolue qui n'est possible pour aucune œuvre humaine, mais d'un haut degré d'exactitude.

Sans aucun doute, on avait pris des dispositions pour atteindre ce résultat, puisque le sommet de la colline rocheuse sur laquelle s'élève la pyramide, a été rasé ou nivelé jusqu'à ce que la roche calcaire naturelle (nummulithique, de la série crétacée) eût pris la forme d'un large plateau (sauf certains blocs laissés en place dans le but de diminuer le travail de maçonnerie dans la grande masse de l'intérieur), avant le commencement de toute construction. Nous connaissons cette particularité, non par aucun témoignage écrit, grec ou romain, mais par celui des matériaux eux-mêmes. Tout le sommet de la colline, autour de la grande Pyramide, est, à l'exception des divers amas de débris entassés à une époque toute moderne, parfaitement nivelé ; et il présente une surface ferme de roche neuve, incontestablement très-neuve, si on la compare avec les sommets ou les contours de la même colline, sur un rayon assez étendu. Par conséquent, tout autour de la pyramide se trouve un « terrain déblayé », comme l'appelait techniquement un constructeur de chemin de fer qui visitait la colline au moment de mon séjour, en 1865, et il insistait beaucoup sur ce fait.

Une pareille surface blanche et nivelée était donc une excellente disposition pour pouvoir y tracer un carré avec exactitude. Mais quel fut le degré d'exactitude obtenu dans l'édifice qui y fut élevé?

Une mesure approximative de chacun des côtés de la pyramide dans son état actuel de ruine, prise par moi en 1865, prouve qu'il n'y a pas eu plus de 100 pouces d'erreur sur une longueur d'environ 9,000 pouces. Mais ce que fut cette erreur de $\frac{1}{90}$ avant le commencement de la ruine actuelle de cet édifice, ne peut s'apprécier qu'en se reportant aux *encastrements* ou soubassements primitifs, taillés par les constructeurs dans le roc vif de la colline, pour contenir les pierres angulaires de la base du monument. Ce fut peut être aussi pour mieux marquer l'endroit où se trouvaient ces angles, car ces encastrements subsistèrent longtemps, bien longtemps après l'enlèvement des pierres angulaires elles-mêmes, mises en pièces, et après que tout le voisinage a été couvert de débris.

Ces encastrements de la base jouent donc un rôle

important dans la théorie moderne de la grande Pyramide ; sans eux, il est impossible de se former une idée approchée de l'extrême exactitude des anciens constructeurs. Leur découverte forme donc une époque des plus importantes dans l'histoire des recherches sur la pyramide ; aussi ce point mérite-t-il un examen quelque peu approfondi, avant d'en venir aux résultats qui vont en être déduits.

L'honneur de la découverte des deux premiers encastrements, ou du moins de l'existence des encastrements, revient complétement à la France et à l'immortelle expédition d'Egypte sous Napoléon Iᵉʳ. Ce furent le colonel Coutelle et M. Lepère qui furent chargés de cette mission, et voici comme leurs opérations sont décrites dans le grand ouvrage sur l'Egypte, par M. Jomard (Iᵉʳ vol. des *Mémoires sur l'antiquité*, page 46) :

« Au mois de pluviôse an IX (janvier 1801), MM. Le-
« père et Coutelle, en fouillant au pied de la pyramide,
« vers les deux angles du nord, ont trouvé une espla-
« nade qui est l'ancien sol du monument. Sur cette
« esplanade, et en avant des extrémités apparentes, ils
« ont découvert deux encastrements presque carrés,
« taillés dans le rocher ; ils ont reconnu ces encastre-
« ments bien de niveau, et leurs angles vifs et parfaite-
« ment droits. C'est d'un angle à l'autre et en dehors
« qu'ils ont pris la mesure de la base sur la ligne même
« qui les joint, avec une attention minutieuse et des
« moyens très-exacts. MM. Coutelle et Lepère donne-
« ront le récit détaillé de leur opération, qui mérite
« toute confiance ; je me borne à énoncer ici le résultat,
« lequel donne, pour la largeur de cette ligne, 716 pieds
« 6 pouces, ou 232,747 mètres (je me sers ici du mètre
« définitif, et non du mètre provisoire en usage pen-
« dant le cours de l'expédition). »

Il est rare de trouver dans l'histoire de la science que celui qui fait le premier la découverte d'un fait nouveau, soit celui qui la développe dans son entier. Dans le cas

actuel, si instructif, MM. Lepère et Coutelle, après avoir
découvert deux des encastrements, en sont restés là ; et
après en avoir fait usage, un excellent usage, pour
déterminer la longueur du côté septentrional de la base,
— ils se tinrent pour dit, sans autre preuve, que les
trois autres côtés étaient d'égale longueur, de façon à
former ensemble un carré.

Aussi quand je visitai la grande Pyramide en 1865,
je me proposai pour objet principal la découverte ou
redécouverte des *quatre* encastrements ; et enfin, grâce
à l'arrivée opportune de MM. Aïton et Inglis — également désireux d'arriver à ce résultat, — au mois d'avril
de la même année, avec l'aide de plusieurs Arabes
engagés pour nous assister dans cette opération, nous
pûmes en venir à bout (1).

Les deux encastrements découverts primitivement par
les Français aux angles N.-E. et N.-O. de la base,
furent alors de nouveau déblayés : et deux autres, qu'ils
n'avaient pas vus, aux angles S.-E. et S.-O. furent également mis à jour (2).

(1) Voir *Vie et travaux à la grande Pyramide*, vol. 1, a. 526.

(2) Pour prévenir toute méprise entre un encastrement et l'autre,
il importe d'exposer les détails suivants :

Les deux encastrements découverts par MM. Lepère et Coutelle,
d'après leur propre relation, étaient au N.-E. et au N.-O.; ils permet-
taient par conséquent de mesurer la longueur du côté N. de la base,
d'un encastrement à l'autre; ceci est positif, d'après leur description. Ils ont aussi donné un grand plan de l'encastrement N.-E.,
que je puis certifier être d'une très-grande exactitude. Mais ils
n'ont donné aucune planche, ni aucune description ou mesure, des
dimensions et de la forme de l'encastrement N.-O.; ni d'aucun
autre que celui du N.-E. comme nous venons de le dire.

Mais le graveur d'un plan de toute la pyramide, sur les planches
in-folio du grand ouvrage français, tout en y insérant la figure de
l'encastrement N.-E., et en ne mettant *rien* du tout au coin N.-O.,
— place cependant un encastrement à l'angle S.-E. et lui donne
les mêmes dimensions et la même forme que celles alors bien
connues de l'angle N.-E. Or il tombe ici dans l'erreur, et s'accuse
lui-même; car, bien que chaque encastrement soit rectangulaire
à l'angle extérieur, cependant il n'y en a pas deux qui soient

M. Inglis mesura alors avec un ruban de fil la distance horizontale d'un angle extérieur à l'autre de chaque encastrement, dans des circonstances accompagnées de difficultés trop grandes pour obtenir la longueur en termes absolus, mais suffisantes pour déterminer les différences entre les côtés comparés l'un à l'autre. Et il constata que ces différences n'étaient pas de plus de 18 pouces sur une longueur de 9 100 pouces, ou de $\frac{1}{500}$ sur toute la longueur d'un côté de la base.

J'eus aussi, à la même époque, l'occasion d'établir un genre d'observation d'un ordre plus élevé, ou de comparer la direction des lignes d'encastrement, d'abord du côté de l'E., puis du côté N. de la pyramide, par rapport à l'étoile polaire. Cette comparaison des angles, après réduction chaque fois au méridien, d'après le temps sidéral de chaque observation, a montré que l'angle compris était de 90°, à moins d'une minute d'arc tout au plus, résultat impliquant sur toute la longueur du côté une erreur moindre que $\frac{1}{3000}$.

Les explorateurs futurs auront à mesurer les angles des trois autres coins de la base (1); mais en attendant, chacune des mesures successives déjà prises avec des moyens améliorés sur les marques primitives ou lignes de foi des constructeurs, plutôt que d'après l'édifice en ruine de nos jours, a montré une exactitude si remar-

approximativement pareils en dimensions, forme rectangulaire ou profondeur; et il n'en est pas deux, sur les quatre, qui soient aussi différents l'un de l'autre que ceux du N.-E. et du S.-E.; comme on peut s'en assurer par les mesures que j'en ai prises et qui sont publiées dans mon ouvrage : *Vie et travaux à la grande Pyramide*, volumes I et II.

On peut donc affirmer avec pleine et entière confiance que les deux encastrements découverts en 1801, étaient ceux du N.-E., et du N.-O.; et que les deux découverts en 1865, étaient ceux du S.-E. et du S.-O.; et qu'enfin jamais, jusqu'à cette date toute moderne, es quatre encastrements n'avaient été vus à la fois.

(1) La mesure de chaque angle est actuellement accompagnée de difficultés grandes, parce qu'il y a tout un monticule de débris,

quable entre les résultats, — qu'on ne peut, sans partia-
lité, se refuser à reconnaître que les dispositions avaient
été prises pour tracer une figure carrée, devant servir de
base à la grande Pyramide ; et cela avec un très-haut
degré de vérité géométrique, alors même qu'on voudrait
examiner le problème au point de vue scientifique
plutôt qu'au point de vue architectural. Si l'on se place
à ce dernier point de vue, on sera vivement frappé de
l'exactitude obtenue ; car, en architecture, comme je l'ai
éprouvé en mesurant de fenêtre en fenêtre, dans nos mai-
sons et dans nos églises, il y a entre les intervalles aussi
bien qu'entre les angles de position des erreurs analogues et parfois même énormément plus grandes que
toutes celles que l'on pourra constater dans la grande
Pyramide.

LA FORME AU-DESSUS DE LA BASE, OU L'ANGLE DES FACES.

Mais jusqu'à présent nous ne sommes arrivés à des
conclusions que sur le degré de perfection du carré
plat du sol servant de fondement à ce monument primitif ;
après la preuve pratique de ce carré, nous avons maintenant à déterminer l'angle d'inclinaison des quatre
flancs triangulaires qui, s'élançant des bords du soubassement, se rencontrent aux angles et se réunissent en
pointe par en haut, pour former le sommet de la figure
connue de tout le monde sous le nom de Pyramide.

La question qui vient donc s'offrir à nous, sollicitant
une solution pratique et une réponse précise, est celle-ci :
« — Chacun des quatre flancs en pente de la grande

de 50 pieds environ de hauteur, au milieu de chaque côté de la
base, empêchant complétement de voir d'un encastrement à l'autre.
C'est à cause de cela que, pour l'angle du N.-E., j'ai fait usage de
l'intervention de l'étoile polaire, dressant l'instrument d'astronomie successivement sur le sommet du monticule de décombres, au
milieu de chaque côté, puis, de là, visant tour à tour sur chaque
angle, et ensuite sur l'étoile polaire.

« Pyramide est-il incliné sur l'horizon d'un seul et même
« angle, de façon à déterminer par là une pyramide
« régulière et symétrique ? Dans ce cas, quel est cet
« angle ? »

Mes propres observations sur chacun des quatre côtés,
ont donné approximativement :

$$\text{Pour le flanc incliné du Nord} = 51^\circ\ 46'.$$
$$- \quad - \quad \text{Sud} = 51^\circ\ 39'.$$
$$- \quad - \quad \text{Est} = 51^\circ\ 42'.$$
$$- \quad - \quad \text{Ouest} = 51^\circ\ 54'.$$

Mais les erreurs probables de ces observations étaient
considérables, en raison de l'état de ruine des flancs de
la pyramide, dont les grandes pierres, si bien équarries
extérieurement autrefois, ont été depuis longtemps enlevées, de sorte que l'on n'a laissé que les surfaces rugueuses,
et exposées depuis longtemps à toutes les intempéries de
l'air, des couches horizontales de ce qui avait été, anciennement, la maçonnerie intérieure.

Mais même ici nous avons l'occasion de signaler l'étonnante sagesse des constructeurs dans chaque phase de
leurs opérations. Car s'ils se sont donné une peine
immense pour amener du côté oriental du Nil (des
collines arabes d'Hérodote) une variété particulièrement
dure de pierre calcaire, appelée de la colline qui la
produit « pierre de Mokattam, » pour recouvrir l'extérieur
de l'édifice et pour former le revêtement de ses couloirs
intérieurs, au lieu d'employer la pierre calcaire géologi-
quement pareille de la colline même de la pyramide,
dont ils faisaient usage pour la masse générale de la
maçonnerie intérieure, — nous apprécions aujourd'hui
l'importance de ce procédé. Car l'ancienne pierre de
revêtement a perdu sous l'influence du temps moins de
dixièmes de pouces dans le cours de trois mille ans,
que la pierre intérieure n'a perdu de pieds en mille ans.

On est arrivé à ces chiffres en apprenant par l'histoire
que la pyramide n'a été dépouillée de son revêtement
que depuis un millier d'années, pour fournir des maté-

riaux de construction au nouveau siége de la puissance mahométane, appelé Le Caire, de l'arabe *El Kahireh*, « le victorieux. » En effet, ce fut seulement alors que la maçonnerie commença à subir les atteintes du temps; et c'est depuis cette époque que nous pouvons voir et mesurer *in situ* les effets qui en sont résultés. Que le revêtement lui-même ait bien mieux résisté au temps, durant la longue période pendant laquelle il formait la maçonnerie extérieure, c'est ce que prouvent, bien qu'ils ne soient plus à la même place, les fragments angulaires aigus et les parties unies des surfaces polies de ces pierres brisées, qui forment des monticules artificiels de débris encombrant encore chacun des quatre flancs de la pyramide.

Or ces débris ne sont pas les éclats nés du travail des premiers constructeurs : 1° parce que Strabon, deux mille ans auparavant, déclare qu'on ne pouvait apercevoir le moindre fragment; que de son temps la base de la pyramide était parfaitement claire et nette, tout comme si la pyramide était descendue du ciel sans le concours de l'homme; et que lui, Strabon, avait essayé en vain de trouver où les premiers maçons avaient mis l'immense quantité de débris qu'ils avaient dû faire en taillant et préparant six millions de tonnes de pierre ; 2° parce que ces débris ont été récemment découverts, qu'ils sont adossés au flanc septentrional de la colline sur laquelle est assise la pyramide, et soigneusement nivelés au sommet, de manière à étendre l'esplanade en face de ce côté du monument.

Les autres amas si différents de fragments ou de débris, dont nous parlons en ce moment, sont très-petits comparés aux anciens, très-récents, et presque entièrement composés de pierre de revêtement. Cela se voit quand on les fouille et qu'on les trouve formés d'une pierre plus blanche et plus dure que celle dont est bâtie la masse générale de la pyramide. Parmi plusieurs fragments qui, par un de leurs côtés teint d'une belle couleur brun-rouge, témoignent avoir appartenu à l'extérieur primitif de la pyramide, depuis sa construction jusqu'au jour où le revêtement a été enlevé, on rencontre de temps à autre quelques échantillons où la face brune ci-dessus mentionnée se rencontre unie par un bord encore aigu, à une surface blanche, travail évident de la main de l'homme, et formant ainsi l'un ou l'autre des deux angles particuliers, dont aucun ne se trouve dans un bâtiment qui consisterait en maçonnerie rectangulaire.

Ce sont les angles supérieurs et inférieurs de chacune des pierres équarries du revêtement, pierres qui étaient rectangulaires à l'intérieur, afin de s'emboîter dans la maçonnerie rectangulaire de la structure générale ; mais taillées à l'extérieur sous l'angle d'inclinaison de toute la pyramide. Le bord inférieur de ces pierres devrait nous donner l'angle que nous cherchons, et le bord supérieur le complément de cet angle $+$ 90°, *si les couches étaient horizontales.*

Mais il n'était nullement nécessaire que les couches de maçonnerie, surtout celles des pierres de revêtement, fussent horizontales ; car, pour économiser de la place, c'eût été une méthode de bâtir plus solide, que de les tailler vers l'intérieur à angle droit avec la surface extérieure. Si l'on eût fait cela, *adieu* à tout espoir d'utiliser aucun fragment des pierres de revêtement pour retrouver la vraie pente ancienne de la grande Pyramide. Mais les jointures de maçonnerie ayant été disposées, sur chaque couche, en parfaite horizontalité, l'angle de la pyramide, la clé de pierre ouvrant la voie qui conduit à sa nature scientifique, se trouve répété dans des milliers de milliers de blocs, qui maintenant gisent épars tout à l'entour ; et, bien qu'à l'état de fragments, ou même pour cette raison, ils fournissent à la génération présente bien plus clairement qu'aucun des quarante siècles qui ont précédé, ou certainement qu'aucun des trente premiers siècles pendant lesquels l'édifice était resté entier, ils fournissent, répétons-le, des renseignements très-précieux, à la condition seulement que les membres qui composent cette génération auront assez de science pour les apprécier (1).

Pendant mon séjour à la grande Pyramide, j'ai moi-même trouvé : I. Du côté nord : 1° cinq spécimens avec angle supérieur, et j'ai trouvé cet angle, après des mesures très-exactes, égal à 128° 6′, ou 180° — 51° 54′ ; 2° deux spécimens avec angle inférieur égal à 51° 54′. — II. Du côté occidental : 1° trois avec l'angle supérieur égal à 128° 2′, ou 180° — 51° 58′ ; 2° deux avec l'angle inférieur égal à 51°42′.—III. Du côté sud : deux avec l'angle supérieur égal à 127° 54′, ou 180° — 52°6′.—IV. Du côté est : cinq échantillons avec l'angle supérieur égal à 128° 5′, ou 180° — 51° 55′ : la moyenne générale donnait 51° 54′.

Les surfaces extérieures inclinées de ces pierres, bien que brunies, se trouvaient dans plusieurs cas si admirablement conservées, quant à la forme et à la surface, que des ingénieurs, qui les ont vues ici, les ont de suite déclarées trop parfaites pour avoir été produites seulement par le ciseau : de pareilles surfaces, disaient-ils, n'avaient pu s'obtenir que par le procédé plus lent, mais plus sûr, du broiement et du polissage sur place avec de grandes meules bien approvisionnées de sable fin et d'eau.

On peut en dire à peu près autant de l'exactitude des surfaces intérieures ou joints des pierres. Elles étaient cimentées, mais par une couche de matière blanche (sulfate de chaux ou comme les Anglais l'appellent dans leur ouvrages d'architecture, *Plaster of Paris* ; et jamais dans la grande Pyramide il n'est fait usage du carbonate de chaux comme chez les nations classiques), qui n'était pas plus épaisse qu'une feuille de papier. Et bien que le contact parfait de ces surfaces ne fût maintenu que le long des bords, et à une profondeur intérieure de 1 à 3 pouces seulement, — il fut bientôt reconnu par les

_____

(1) **Voir** *les Mondes*, par M. l'abbé Moigno, 7 octobre 1872, p. 270.

juges compétents que la légère inclinaison de ces surfaces vers le centre, était intentionnelle afin de donner plus de fermeté à toute la jointure.

RECHERCHES AUX MUSÉES.

Cependant cette légère déviation empêcherait tous les efforts tentés pour obtenir l'angle véritable par les seuls fragments des pierres de revêtement, si ces fragments n'avaient pas toute l'épaisseur des premières pierres entières ; or précisément aucun de mes spécimens ne l'a ; ce n'étaient tous que des échantillons de poche. Mais ayant appris en 1869 que le Musée Britannique contenait de très-grands échantillons donnés par le colonel Howard Vyse, en 1838, j'allai un jour au Musée, le clinomètre en main, et je l'appliquai, en toute hâte et successivement, à la surface brune et en pente de chacun de ces trois grands échantillons, dans le but de mesurer leurs angles d'inclinaison.

Mais quel fut mon désappointement, en trouvant que les divers angles différaient entre eux de plusieurs degrés, quelquefois même d'un grand nombre de degrés. Je réfléchis quelque temps, puis j'appliquai le clinomètre d'abord aux deux surfaces supposées horizontales, puis aux surfaces inclinées ; et déduisant la différence de l'une de ces données de l'autre, de manière à les dégager des erreurs commises dans le placement des blocs par les employés du Musée, sur leurs tables modernes, — ces différences, ou les erreurs propres des maçons de la pyramide, se trouvèrent immédiatement réduites à autant de minutes seulement qu'elles avaient semblé avoir eu de degrés.

Voici donc un résultat remarquable et des plus positifs auquel on a pu arriver dans la dernière partie du XIXe siècle de l'ère chrétienne, à Londres, le prétendu centre gigantesque de la civilisation, de la science et du développement progressif. Les angles de l'œuvre moderne, étaient soixante fois plus éloignés de la vérité que ceux de l'œuvre ancienne.

Peut-être pourrait-on dire pour excuse que les modernes, au Musée Britannique, n'avaient pas essayé d'être exacts, ou s'étaient dispensés de niveler leur plan horizontal ; mais ceci ne fait qu'aggraver la situation, attendu qu'ils sont largement payés par le gouvernement pour caser dignement dans la salle égyptienne du musée tous les débris de l'Égypte ancienne qui peuvent avoir un véritable caractère de noblesse ou de grandeur, qui sont dignes de revivre dans l'esprit et d'être idéalement reproduits dans les âmes de générations successives d'hommes.

Et comment ces employés ont-ils dépensé tout cet argent ?

À favoriser l'idolâtrie, à dégrader les mathématiques et à détourner l'esprit du peuple de ce qui était le vrai mode d'enseignement des débuts de l'histoire humaine. Car toutes les fois qu'ils pouvaient obtenir, soit en don, soit en achat, quelques misérables échantillons des hideuses idoles des temps plus rapprochés, ou du moyen âge égyptien, idoles à tête de chat, de chien, de singe, de bœuf, ou de tout ce dont l'adoration constitue une honte pour l'humanité, une ignominie pour les chrétiens qui en font actuellement leurs délices, — ces horribles objets ont été installés au centre de la galerie et placés dans un jour magnifique, sur de splendides piédestaux modernes de granit, de façon à séduire, si c'était possible, tous ceux qui les contemplent. Au contraire, les pierres de revêtement de la grande Pyramide, plus anciennes que toutes ces idoles et, par conséquent, à ce titre seul, plus dignes de figurer à la tête de toute la galerie, — mais parce qu'elles sont pures, simples, exemptes de l'idolâtrie ou de l'immoralité des temples égyptiens postérieurs, et qu'elles n'ont pour titres de recommandation que l'exactitude mathématique des angles, si riche en vérités symboliques de la science physique, — ces pierres de revêtement de la grande Pyramide ont été reléguées sur les tablettes les plus inférieures d'un simple cabinet, dans un couloir, en dehors de la splendide galerie égyptienne, en un lieu où il est difficile même de les apercevoir : où, lorsqu'on peut les voir, c'est avec une telle distorsion de leurs angles que la noble signification qu'ils devraient offrir, se trouve entièrement perdue.

En un mot, dans ce grand Musée Britannique et, je le crains, dans bien d'autres encore, on accorde aux idoles et à leur culte odieux tant de préférence sur la science et sur la vérité ; on attache si peu d'importance au fait de l'architecture la plus ancienne, du moins quand elle ne parle que de pure science acquise et non de fausse religion, qu'il faut aller loin, bien loin des salles brillantes, profanes et antireligieuses des musées, et s'adresser à une autre série d'employés pour apprendre les faits scientifiques, vrais et exacts qui constituent le langage que la grande Pyramide, dans l'intention de ses fondateurs, était destinée à nous parler de nos jours.

ANGLE DÉFINITIF DE LA PENTE NORD.

Mais les pierres de revêtement du Musée Britannique, bien plus grandes que les miennes, ne sont après tout que des fragments : et quoiqu'elles aient été présentées par le colonel Vyse, ce ne sont pas les fameuses pierres de revêtement dont la découverte est si honorablement associée à son nom, et le rend digne, ne fût-ce que pour cela, de partager la célébrité des noms de Lepère, et Coutelle ; car c'était la découverte de traits caractéristiques originaux et véridiques, de lignes de foi authentiques et de quatre mille ans d'existence, qui nous permettent d'interpréter sûrement l'ancienne pyramide de Chéops, de la reconstituer dans son premier état, telle qu'elle s'élevait jadis sur la terre, en dépit de toutes les injures et de toutes les dilapidations qu'elle avait eu à subir dans la suite des temps.

Ces pierres de revêtement, véritables et complètes, de Howard Vyse, n'ont jamais été enlevées du côté septentrional de la grande Pyramide, où il les a trouvées ; elles ont été probablement depuis brisées à cette même place, ou près de leur ancienne position maçonnique, adhérant au roc nivelé du sol de la base de tout l'édifice. Il les découvrit là en creusant dans un amas de débris de 40 pieds de haut, qui formait, depuis des siècles, une montée facile jusqu'à l'entrée de la Pyramide. Comme il était alors à la recherche d'une autre entrée possible au-dessous, il pratiqua ses excavations en longueur et en largeur, aussi bien qu'en profondeur, et mit ainsi à la lumière du jour une grande partie de la base de l'édifice et du terrain ou esplanade extérieure.

Cette esplanade se trouva être alors partout un pavé, large et uni, formé de pierres blanches ajustées avec la dernière perfection. Sur et à partir de la surface de ce pavé s'élevait immédiatement la face inclinée de la pyramide achevée, sous la forme de deux gigantesques pierres de revêtement, avec un morceau d'une troisième, toutes trois rangées en ligne droite, cimentées l'une à l'autre, ainsi qu'au pavé de dessous ; il s'y trouvait aussi des traces distinctes de deux autres pierres qui étaient là continuant la ligne, jusqu'à une époque relativement récente du moyen âge.

Les pierres trouvées avaient alors 59 pouces anglais de haut sur 99 de large au bas du côté, 51 pouces au sommet, 75 le long du côté incliné, et 130 pouces environ de longueur (bien que cet élément, chose étonnante à dire, ne semble pas avoir été mesuré, je ne donne ce chiffre que d'après les dessins en perspective que j'en ai vus reproduits). Voici ce que dit le colonel Howard Vyse des pierres elles-mêmes et de l'état où elles étaient quand il les a découvertes :

« Elles étaient absolument parfaites ; elles avaient été taillées sous l'angle voulu avant d'être posées, puis avaient été polies sur toute leur surface. Les jointures, perceptibles à peine, n'étaient pas plus larges qu'une feuille de papier joseph ou à décalquer ; et telle était la ténacité du ciment qui les réunissait, qu'un fragment d'une des pierres détruites restait encore fermement fixé dans son alignement primitif, malgré le temps écoulé et la violence à laquelle il avait été soumis. La terrasse pavée au delà de la ligne de l'édifice était bien posée et d'un fini merveilleux ; en dessous de l'édifice, elle était travaillée avec plus d'exactitude encore, et nivelée de la façon la plus parfaite, probablement dans le but d'obtenir une fondation plus durable pour la magnifique construction qui devait s'élever au-dessus. Je considère comme sans égal le travail déployé dans le dallage de la chambre du roi et dans les pierres de son revêtement ; il y a lieu de croire que tout l'extérieur de ce vaste édifice était recouvert de la même excellente maçonnerie. »

Mais il n'y avait aucun signe d'idolâtrie, aucune preuve d'égoïsme humain sur ces pierres ; aussi n'eurent-elles aucun succès auprès des autorités du Musée Britannique, qui les ont laissé périr sous le marteau des destructeurs modernes, à la même place où elles étaient restées, si bien conservées, pendant quatre mille ans. De cette façon a été perdue pour toute la race humaine une grande et incontestable preuve que la naissance de l'architecture de pierre des premiers temps s'était produite d'une façon totalement différente de ce que la théorie moderne du développement *progressif* de l'homme s'aventure à affirmer en termes si tranchants, prétendant opiniâtrément que c'est seulement ainsi que l'homme a pu s'élever au-dessus des animaux périssables.

Bien que nous ayons ainsi perdu des renseignements sur la vie primitive de l'homme, renseignements que ces pierres auraient pu nous donner (non-seulement parce que ces pierres témoins ont été brisées, mais aussi parce qu'on a mis des idoles à la place qu'elles auraient dû occuper dans la galerie égyptienne du Musée Britannique), néanmoins certaines indications scientifiques nécessaires pour la théorie moderne de la grande Pyramide n'ont pas été totalement perdues pour nous.

La pente extérieure, par exemple, de ces pierres ayant été mesurée pour le colonel Howard Vyse par M. Brettel, donne 51° 50'. En le calculant d'après les proportions linéaires obtenues en même temps, on trouva une valeur légèrement différente, ou de 51° 52'. Cette valeur cependant n'est pas absolument certaine, à cause d'une petite erreur dans une des mesures, erreur qui indique que le résultat le plus probable doit être, à très-peu près, 51° 51' 14" ; voilà donc l'angle que nous reconnaissons être, d'après les meilleures autorités, l'angle de pente de la face nord de la pyramide.

L'ANGLE DES QUATRE CÔTÉS, ET DES QUATRE LIGNES D'ARÊTE.

Voilà pour la pente nord seulement, et nous désirons maintenant savoir, d'après leur témoignage indépendant, quels étaient également les angles des autres faces. Il se peut qu'il y ait de semblables pierres de revêtement en place sous les trois autres collines de débris, situées aux côtés sud-est et ouest de la pyramide ; mais il y a à faire, pour les découvrir, des frais dont ni particulier, ni peuple ne veulent assumer la responsabilité. Je ne puis donc que renvoyer de nouveau aux mesures angulaires que j'ai prises en avril 1865, avec un grand et puissant instrument d'altitude-azimutale, des angles des coins en pente, ou lignes d'arête de la pyramide entière.

Ces lignes d'arête, même dans le noyau brut de la maçonnerie, sont des blocs de pierre solide de Mokattam, et ont beaucoup moins souffert que la roche nummulithique formant la partie médiane et principale de chaque face. Mais outre cette source de certitude plus grande que dans la mesure des flancs, l'arête est une ligne plus longue que la ligne directe de la pente, et on peut la suivre droite jusqu'au sol, libre de tous décombres. Ce n'est pas tout ; dans ce cas, les vrais points les plus bas des lignes d'arête primitives étaient visibles sous la forme des angles extérieurs des quatre encastrements de la base.

Mon instrument de mesure fut donc placé, pour chacune des faces, à la distance d'un certain nombre de pouces en dedans de l'angle de l'encastrement sur le sol même, et l'on visait sur une mire maintenue au haut de la pyramide, à une distance des faces actuelles égale à l'épaisseur calculée de l'ancien revêtement. Les angles de pente observés se trouvèrent alors

$$\text{Pour la ligne d'arête du N.-E.} = 42^\circ\ 1'$$
$$\text{—} \qquad\qquad \text{S.-E.} = 42^\circ\ 1'$$
$$\text{—} \qquad\qquad \text{N.-O.} = 41^\circ\ 58''$$
$$\text{—} \qquad\qquad \text{S.-O.} = 41^\circ\ 59''$$

La moyenne de ces angles observés, c'est-à-dire, 41° 59' 7'', s'accorde, à quelques secondes près, avec l'angle d'arête calculé d'après l'angle de pente direct du colonel Howard Vyse, 51° 51' 14'' à peu près, et confirme ainsi la forme générale de la grande Pyramide, telle qu'elle est indiquée par les meilleures mesures antérieures. Et s'il semble exister encore quelques petits restes d'irrégularités entre un côté et l'autre, ils sont si peu de chose qu'on se demande s'ils sont dus à des erreurs de la part du merveilleux architecte des temps primitifs, ou à quelque changement géologique, tel qu'un affaissement, ou peut-être un soulèvement de terre dans l'angle de la couche rocheuse sur laquelle s'élève l'antique monument, alors qu'aucune science moderne ne peut garantir que ce terrain soit resté dans une complète immobilité pendant les derniers quatre mille ans.

Prouvera-t-on plus tard, par des recherches microscopiques, que ces restes d'irrégularités sont dus à quelqu'une de ces influences anciennes, ou à des erreurs de mesures modernes, ou bien à toutes ces causes agissant simultanément ? — Toujours est-il que leur somme est si excessivement petite pour un aussi colossal édifice, et que l'angle résultant est si éloigné des angles observés

des autres pyramides d'Égypte (voir le tableau général,
page 22), que nous pouvons raisonnablement croire que
l'architecte a eu l'intention de donner à la grande Pyramide une pente, sur chaque face, comprise aussi exactement que possible, avec ses moyens matériels, entre
51° 51' et 51° 52'. Ainsi la forme de la grande Pyramide
tout entière peut se ramener à cette simple définition :
« Une pyramide à base carrée, avec une élévation angu-
« laire des faces égale à 51° 51' 30" $\pm x$ secondes, et
« rien de plus. »

Mais cette expression « rien de plus » est de la dernière importance, quand on considère la multiplicité de
détails qui caractérisent tous les autres grands édifices
de la terre, et qui recouvrent tout dôme, tout clocher,
toute tourelle de quelque importance, même une pyramide, dans les contrées loin de la grande ; sans comp-
ter les amas de portiques, de corniches, de frises et de
tous ces mille et un ornements que les artistes modernes
s'imaginent être nécessaires pour produire des contrastes
de lumière et d'ombre, et par conséquent de la beauté.

Pour la grande Pyramide, il n'y a rien de tout cela,
rien que la forme originairement fixée (le cristal terrible du prophète Ézéchiel), c'est-à-dire une pyramide à
base carrée d'un certain angle de pente, presque précisément pareille au demi-octaèdre régulier que présente
la science rigoureuse de la géométrie.

M. Jomard, il est vrai, qui — quoique Français et
enfant de la grande Révolution, n'avait pas affranchi son
esprit des complications de l'architecture du moyen âge,
— vécut et mourut avec la conviction qu'il avait dû y
avoir une espèce particulière de socle, de revêtement,
de fronton, de cannelures, etc., formant une sorte d'apparence d'ornementation (une espèce de beauté selon
les Grecs) des côtés de la grande Pyramide, avant que
ses faces inclinées touchassent le sol. Il a dit de plus
qu'on y voyait quelque chose de semblable à ce qu'on
remarque dans la seconde Pyramide. Mais en même

temps que c'était une analogie dangereuse en elle-même dans son application à la grande Pyramide, la découverte par le colonel Howard Vyse, des assises les plus inférieures des pierres de revêtement de la grande Pyramide, actuellement encore *in situ*, et commençant majestueusement la pente des côtés sous un angle de 51° 51' $\pm$ *x* secondes, *immédiatement à partir de la surface de l'esplanade pavée*, — a détruit à tout jamais la théorie du socle de M. Jomard.

LE CALCAIRE SUBSTITUÉ AU GRANIT, COMME REVÊTEMENT D'UNE PYRAMIDE, DANS UN BUT SCIENTIFIQUE.

Le revêtement de la grande Pyramide, comme nous l'avons dit, p. 54, est de la pierre calcaire de Mokattam, plus dure que le calcaire nummulithique de la colline de Jizeh, mais beaucoup plus tendre que le granit, le basalte, le diorite); tandis que la seconde Pyramide a ses deux étages inférieurs en granit dur, et que la troisième Pyramide a même été revêtue jusqu'aux deux tiers de sa hauteur de cette même roche coûteuse et adamantine. Ce contraste a amené, depuis peu, quelques personnes à poser la question suivante : « N'aurait-il pas mieux valu pour la grande Pyramide d'être revêtue en granit ? »

Si l'architecte avait eu l'intention de donner à son édifice cette teinte rouge magnifique qui éblouissait et charmait agréablement les yeux des masses populaires de son époque, — il aurait fait usage de granit rouge. Mais s'il se proposait de transmettre à la postérité la plus reculée, ou à un public scientifique d'un autre âge, après quarante siècles écoulés, le souvenir de l'angle particulier d'après lequel il avait dessiné tout son édifice, il se serait bien gardé de rien faire de pareil, du moins s'il avait eu tant soit peu de sagesse; car voici ce que nous enseigne avec une certitude irrécusable, dans ce pays-là, l'expérience architecturale faite depuis quatre mille ans.

Le granit (1), quoique dur, est friable, dilatable par la chaleur, et les cristaux qui le composent ont une faible cohésion ; de sorte que, si l'on vient à s'en servir à l'extérieur d'un édifice du nord de l'Afrique, où il est terriblement échauffé par le soleil pendant le jour, puis refroidi la nuit par la radiation d'un ciel clair, il se désagrége rapidement à la surface, surtout autour des angles, jusqu'à ce que les blocs, jadis si nettement et si fermement taillés, commencent à avoir la forme de conglomérations de sable, de poudings, ou de masse de blocs erratiques arrondis.

Mais la pierre calcaire de Mokattam, bien que tendre, est tenace, dense, uniforme et peu dilatable par la chaleur ; elle ne s'exfolie ou ne se désagrége pas sous son action ; et mieux encore, elle a la propriété, une fois exposée à l'influence atmosphérique, d'exsuder à sa surface cette sorte d'oxyde ou vernis de fer d'un brun foncé, dont j'ai déjà parlé, quant à la couleur, comme caractérisant la surface extérieure en pente des pierres de revêtement de la grande Pyramide, ce qui les protége admirablement contre la pluie, le sable et les autres agents de destruction.

Voilà pourquoi les pierres de revêtement de granit de la troisième Pyramide, quoique postérieures à celles de la grande Pyramide, sont si arrondies à leur base qu'elles donnent à peine l'idée de l'angle sous lequel elles ont jadis été taillées ; tandis que les blocs de revêtement en *pierre*

(1) Le granit égyptien peut, sous certains rapports, se nommer « syénite ; » et c'est ainsi que le dénomment toujours certaines personnes enchantées de montrer leurs connaissances. Mais la matière granitique de la pyramide n'est que rarement, ou plutôt jamais du syénite pur ou parfait, d'après la théorie minérale ; et tandis que pour tout travail pratique, il se rapproche si près du granit des autres pays, ce n'est que par une malveillante espèce d'euphémisme qu'on a pu l'appeler d'un autre nom dans de simples traités d'architecture. Je n'ai rien vu dans le vrai syénite du musée du collége de la Trinité de Dublin qui rappelle ce que plusieurs personnes veulent appeler de ce nom dans la grande Pyramide.

calcaire de la grande Pyramide montrent dans un très-grand nombre de cas, peut être dans tous, quand ils n'ont pas été volontairement altérés par l'homme pendant les derniers mille ans, montrent, dis-je, l'angle sous lequel ils ont été taillés il y a quatre mille ans, si nettement, même à l'extrême bord, qu'un simple éclat d'une de ces pierres, pas plus gros que celui qu'un homme pourrait serrer dans la poche de son gilet, est à même de donner par un examen scientifique, et à 1/400° près de sa valeur, l'angle particulier qui régit toute la surface de la gigantesque grande Pyramide ; et se trouve ainsi être l'élément principal de la solution du problème capital de sa forme.

Et maintenant, que le lecteur qui m'a bienveillamment suivi jusqu'ici, me permette de lui poser la question suivante : — « N'avons-nous pas obtenu un très-haut degré d'évidence directe et tangible, du grand fait que, dans le choix des matériaux et aussi dans la façon de les travailler, l'architecte de la grande Pyramide, à une époque où n'existait aucune expérience préalable, a fait toujours exactement, de son choix et de sa volonté, ce qu'il y avait de mieux à faire ; et cela, non par accident, par conjecture, par hasard ou par des efforts de corrections sur corrections, — mais immédiatement correct dès l'origine, ou dès le commencement, et maintenu avec une foi inébranlable avec une grande persévérance dans l'exécution de l'ouvrage majestueux entier.

Quand un pareil homme choisit l'angle de $51° 51' \pm x$ secondes pour angle dominant, et pour seul ornement, signe ou caractère de chacune des faces de son vaste édifice, élément essentiel de sa forme, et qu'il l'a fait reproduire dans chaque petite pierre de la surface extérieure de revêtement, — il doit avoir eu d'excellentes raisons pour préférer cet angle à tous les autres, qu'il pouvait également bien adopter. Ce qui prouve que bien d'autres angles s'offraient également à lui naturellement et architectoniquement, c'est que les autres pyramides d'Égypte ont été construites sous toutes sortes d'angles, différant d'un demi-degré à vingt degrés de celui de la grande Pyramide. Pourquoi donc l'architecte et le dessinateur de la grande Pyramide a-t-il seul choisi pour son édifice l'angle particulier de 51° 51' 14"?

C'est là une question à laquelle aucun égyptologue ne saurait répondre d'une façon satisfaisante, ni les Bunsen, ni les Lepsius, ni les Champollion, ni les de Rougé, ni les Birch ou l'un quelconque des érudits des pays civilisés de toute l'Europe. Ils n'ont pas même demandé à leurs propres observations quel est cet angle; et quand ils l'ont eu entre les mains sur des pierres échantillons, dans leurs musées, ils l'ont caché aux yeux du peuple.

Mais la science mathématique va bientôt nous en révéler la raison, — après que nous aurons recherché, d'après la méthode approuvée par le grand personnage scientifique cité au commencement de ce chapitre, — « CE QU'IL Y A D'ELLE, » c'est-à-dire quelle est la quantité exacte de matière contenue dans un édifice de cette forme connu dans le monde entier sous le titre honorable sans doute et distinctif, mais néanmoins encore trop peu défini de la GRANDE PYRAMIDE.

VII

Dimensions de la grande Pyramide.

LA LARGEUR D'UN CÔTÉ DE LA BASE.

La brillante découverte faite par MM. Lepère et Coutelle en 1800, enlevait du même coup toute autorité, aux yeux des savants, à toutes les mesures antérieures de la longueur d'un côté de la base de la grande Pyramide; car, jusqu'au moment où ils exhumèrent deux des encastrements ou soubassements angulaires, on ne possédait aucuns points fixes et nettement définis à partir desquels et entre lesquels on pût prendre des mesures exactes. Il n'est pas impossible que les mesures prises alors par ces laborieux *savants* Français soient encore les plus exactes; mais on s'est demandé depuis, non-seulement si l'on peut les considérer comme fournissant une longueur moyenne des quatre côtés de la base, mais encore si elles constituent la meilleure évaluation de la longueur de l'unique côté de la base auquel elles ont été appliquées, c'est-à-dire du côté nord.

La question ainsi posée est néanmoins excessivement curieuse, puisqu'elle donne une idée de l'exactitude de nos savants voyageurs modernes, en même temps qu'elle est d'une extrême importance pour la théorie scientifique de la grande Pyramide.

De l'angle extérieur de l'encastrement du N.-E., jusqu'à l'angle extérieur de l'encastrement du N.-O., sur une ligne droite, mesurée sans doute avec soin, habileté, et par plusieurs méthodes modernes savantes, afin d'éliminer des difficultés spéciales, MM. Lepère et Coutelle ont trouvé une distance de 9,163 pouces anglais.

Pourquoi n'accepterions-nous pas ce résultat pour la vraie longueur du côté N. de la base, ainsi que pour la moyenne de tous les quatre côtés; surtout quand nous avons déjà prouvé jusqu'à l'évidence que ladite base constituait à très-peu près un carré parfait?

Pour cette raison d'abord, qu'en 1837, le colonel Howard Vyse et M. Perring, qui sont eux-mêmes des savants très-laborieux, ont mesuré la longueur entre les angles extérieurs des deux encastrements nord et ont trouvé 9,168 pouces.

La différence de 5 pouces, ou de la dix-huit centième partie du tout, peut sembler petite à bien des gens; mais elle est très-grande, comparée avec l'exactitude des déterminations actuelles des lignes des bases, tracées dans un but scientifique, telles que celles servant à la mesure « des arcs de méridien. » J'ai discuté ce point en 1864, alors qu'on venait de publier la seconde mesure du soubassement; et j'ai placé la vérité probable entre les deux résultats, mais plus près de la mesure française ; tout en regrettant fort, pour l'honneur de la Grande-Bretagne, que la plus grosse part d'une erreur si importante soit de son fait.

Mais combien je fus confondu quand, en 1865, deux Écossais, MM. Aiton et Inglis, d'après les mesures prises par ce dernier, annoncèrent (1) que la longueur du soubassement nord n'était que de 9,120 pouces, et celle des autres côtés moindre encore, c'est-à-dire de 9,114, 9,102 et 9,102 pouces respectivement !

Presque en même temps Mahmoud Bey, l'astronome égyptien, publiait quelques mesures qu'il avait relevées en 1862, par les ordres du dernier vice roi, Saïd Pacha ; et, bien que son récit soit passablement obscur et mêlé de la théorie d'un fronton supposé de la pyramide, ses résultats semblent s'accorder trop exactement avec ceux des savants français, et équivalent à très-peu près à 9,162 pouces anglais.

Combien n'ai-je pas eu de peine et d'anxiété en discutant ces mesures horriblement discordantes en 1867, dans mon ouvrage *Vie et Travaux*, pour en venir à adopter 9,142, ou plutôt 9,140 pouces, comme la moyenne la plus probable ! C'est elle que j'ai adoptée dans toutes les recherches théoriques de cet ouvrage, et elle a été confirmée dernièrement par un rapprochement entre l'intérieur et l'extérieur de l'édifice discuté dans nos derniers chapitres.

Depuis l'époque de MM. Aiton et Inglis, et de Mahmoud Bey aussi, il y a eu une nouvelle discussion de la question, et une nouvelle mesure des quatre côtés.

La discussion a été soulevée par mon savant ami William Petric C. E., personnage profondément versé

---

(1) Ils n'ont pas publié eux-mêmes le résultat ; mais comme ils me l'avaient communiqué, encore en manuscrit, pendant la préparation de mon ouvrage *Vie et travaux à la grande Pyramide*, je l'y ai introduit avec leurs noms et leur approbation.

dans le calcul des probabilités ; et il a conclu à une immense prépondérance en faveur des mesures primitivement prises par les dignes membres de la commission d'Égypte, MM. Lepère et Coutelle, c'est-à-dire à 9,163 pouces.

Les dernières mesures dont je viens de parler n'ont été rien moins qu'une opération exécutée en 1869 par des officiers du corps du génie royal, envoyés par le bureau de la carte de l'état-major britannique, de Southampton, pour faire la reconnaissance du mont Sinaï, en 1868 et 1869. D'après le rapport de leur chef, sir Henri James, leurs mesures ont été appliquées aux longueurs des encastrements de chacun des quatre côtés de la base, et le résultat moyen (car les mesures individuelles ne sont pas publiées dans l'unique rapport qui ait paru) est de 9,130 pouces.

Maintenant, parmi tous ces nombres différents,

$$9\ 163$$
$$9\ 168$$
$$9\ 162$$
$$9\ 120$$
$$9\ 112$$
$$9\ 102$$
$$9\ 102$$
$$9\ 163$$
$$9\ 130$$

que l'esprit du siècle dise, s'il le peut, où est la vérité.

J'ai eu l'honneur d'être injurié successivement par des critiques de diverses croyances pour n'avoir pas adopté le plus faible, et aussi pour n'avoir pas adopté le plus fort des nombres de cette liste, aussi bien que pour avoir modifié ma première conclusion de 1864, alors qu'un plus grand nombre de données déduites de l'observation eurent été portées à la connaissance du monde savant en 1865, 1868 et 1869. Aussi est-il grand temps que non-seulement d'autres savants individuels, mais de formidables collections de savants, telles que l'Académie des sciences de Paris et la Société royale de Londres, abordent la solution d'un problème qui depuis quatre mille ans se pose en face de toutes les nations civilisées, et me déchargent du poids de la haine de tout un monde; car c'est plutôt leur faute que la mienne, en même temps qu'ils feront procéder à une mesure *de novo* que l'on aurait dû exécuter depuis longtemps, bien longtemps déjà, dans l'histoire de la science moderne.

Quand il s'agit d'un édifice fondé, comme l'est la grande Pyramide, sur une roche solide, dense et primitive, ses dimensions ne peuvent pas naturellement être sujettes à des fluctuations allant jusqu'à 66 pouces, sur une longueur de 9,140 pouces. Cette longueur devrait être au contraire une des choses, sur notre planète, dont la mesure devrait présenter le plus d'uniformité. *Ce sont là cependant* les résultats de toutes les sciences modernes de 1799 à 1869 après Jésus-Christ. Dans les anciens jours, une ligne de foi particulière et nettement définie avait été tracée très-admirablement, et très en évidence, dans le travail des soubassements et les lignes terminales de la base, *au moment de l'exécution primitive;* elle se voit même encore tracée sur la roche, vers le soubassement du sud-ouest, et on peut la mesurer avec une exactitude de moins d'un dixième de pouce, — tandis que les mesures des savants modernes diffèrent l'une de l'autre de 66 pouces entiers, ou 660 fois la limite d'incertitude de l'ancien constructeur!

Voilà donc déjà un résultat auquel nous sommes arrivés; sans qu'il puisse entrer dans nos intentions de rabaisser notre époque, ni de nier l'existence d'un développement progressif de l'éducation humaine. Nous voulons seulement appeler l'attention sur l'incomparable habileté déployée dans la grande Pyramide avant tout enseignement, avant le commencement de tout développement progressif au sein d'aucune école; et aussi démontrer la nécessité d'envoyer des gens capables, munis des meilleurs appareils de la science moderne, et de res-

sources abondantes, puisque ces mesures doivent être
encore une fois prises.

Voici encore un autre résultat, que je me contente
de réindiquer pour le moment, car je l'ai déjà énoncé
dans mes ouvrages de 1867 et de 1868, c'est que la
valeur approximative de la moyenne d'un côté de la base
de l'ancienne grande Pyramide, est 9,142 ± 25 pouces, et
très-probablement 9,140 pouces anglais.

LA HAUTEUR DE LA GRANDE PYRAMIDE

Quelques personnes ont demandé si, en présence de
toutes ces incertitudes, relatives aux dimensions de la
grande Pyramide et à la valeur du côté de sa base, on
ne pourrait pas jeter quelque lumière sur la question
par une mesure indépendante de sa hauteur, d'où l'on
déduirait le côté de la base, à l'aide de l'angle 51° 51' 14"
déjà déterminé?

Nous sommes forcé de répondre par la négative; car
bien que, sans aucun doute, il soit possible de calculer
la longueur du côté de la base, au moyen de la hauteur
et de l'observation d'un angle, ce qui donnerait même
une juste idée de la longueur du côté de la base,
si nous ne pouvions rien en connaître autrement, mais
puisque les circonstances actuelles permettent d'arriver
à cette connaissance par des mesures directes, faites sur
les encastrements des coins de la base elle-même, — on
ne pourrait mesurer la hauteur avec un degré suffisant
d'exactitude pratique, à cause des incertitudes graves et
considérables qui affectent notre connaissance de la
quantité de maçonnerie enlevée de l'ancien sommet de
la grande Pyramide par les dilapidations modernes.
Cette quantité, qui manque actuellement, s'élève probablement à 400 pouces au moins de hauteur verticale et
environ 600 de largeur, au niveau de la plate-forme qui
forme maintenant le sommet apparent. En tout cas, il
serait très-difficile d'évaluer au juste cette quantité, de

sorte que les incertitudes qui en dérivent s'élèveraient bien au-dessus de ± 19 pouces d'erreur probable, sur les longueurs et les différences de longueur des côtés de la base. Néanmoins, ce doit être d'un effet rassurant sur certains esprits de savoir que la longueur du côté de la base a été calculée d'après les meilleures mesures de hauteur, corrigées autant qu'il est possible de la quantité qui manque au sommet, et qu'on est ainsi arrivé à confirmer d'une manière générale les résultats des mesures directes sur le terrain.

Les meilleures mesures de hauteur de la grande Pyramide employées dans ce calcul, étaient celles que l'on avait obtenues, premièrement, par l'opération trigonométrique de M. Nouet, le savant astronome de l'expédition française, prédestiné, hélas ! à une mort prématurée ; et, secondement, par l'addition de petites mesures linéaires prises, au moyen d'un instrument spécial, construit à cet effet, sur chaque assise de maçonnerie composant la Pyramide, par MM. Lepère et Coutelle. Une mesure à peu près semblable avait été relevée, d'une manière digne de toute confiance, l'année précédente, par MM. Jomard et Cécille, membres également de l'illustre expédition française ; mais leur opération doit évidemment céder le pas à celle de leurs compatriotes, exécutée *après* que leur découverte des encastrements aux coins du soubassement eut donné pour la première fois aux mesures modernes la donnée fondamentale , point de départ de la ligne de foi ou de niveau d'où doivent partir toutes les mesures de hauteur de la pyramide.

Cette mesure prise par MM. Lepère et Coutelle en 1800, je l'ai répétée moi-même en 1865 , et je l'ai vérifiée ultérieurement dans ses diverses particularités, en soumettant quelques-unes de mes photographies sur verre à une mesure micrométrique sous un microscope ; j'ai pu obtenir ainsi une preuve irrécusable de l'existence réelle de beaucoup d'anomalies apparentes dans les assises, et une constatation des variations d'épaisseur des couches successives de maçonnerie.

Les artistes qui ont fait des peintures de la grande Pyramide, et nombre d'écrivains qui ont essayé de la décrire, ont rarement fait attention à ces circonstances légères mais réelles de la construction ; en effet, ils n'ont pas souvent donné exactement même le nombre brut des assises. Mais MM. Lepère et Coutelle étaient éminemment exacts et dignes de foi sur tous ces points, points qui ont été depuis reconnus être caractéristiques dans l'explication d'autres détails de la théorie de la grande Pyramide. Il est donc juste de reproduire ici leurs mesures, comme pouvant d'une manière éminente et directe contribuer à notre connaissance de la question des *dimensions* de la grande Pyramide, et comme n'ayant jamais été mieux prises depuis leur époque.

MESURES PRISES PAR MM. LEPÈRE ET COUTELLE
DE LA HAUTEUR VERTICALE ACTUELLE DE LA GRANDE PYRAMIDE

Épaisseur de ses couches successives de maçonnerie

En pouces anglais

Nombre des couches de maçonnerie à partir du pavé jusqu'en haut.	Hauteur de chaque couche.	Hauteur de chaque dizaine de couches.	Hauteur totale à chaque dixième couche.	Nombre des couches de maçonnerie à partir du pavé jusqu'en haut.	Hauteur de chaque couche.	Hauteur de chaque dizaine de couches.	Hauteur totale à chaque dixième couche.
1	20			31	28		
2	22			32	31		
3	56			33	27		
4	53			34	26		
5	41			35	26		
6	38			36	50		
7	39			37	42		
8	42			38	37		
9	36			39	36		
10	41	418	418	40	33	336	1362
11	31			41	33		
12	35			42	31		
13	33			43	28		
14	26			44	34		
15	28			45	39		
16	31			46	38		
17	29			47	27		
18	28			48	34		
19	31			49	37		
20	38	310	728	50	33	334	1696
21	24			51	27		
22	24			52	27		
23	35			53	25		
24	33			54	25		
25	33			55	26		
26	33			56	26		
27	30			57	25		
28	28			58	25		
29	29			59	27		
30	29	298	1026	60	29	262	1958

Nombre de couches de maçonnerie à partir du pavé jusqu'en haut.	Hauteur de chaque couche.	Hauteur de chaque dizaine de couches.	Hauteur totale à chaque dixième couche.	Nombre des couches de maçonnerie à partir du pavé jusqu'en haut.	Hauteur de chaque couche.	Hauteur de chaque dizaine de couches.	Hauteur totale à chaque dixième couche.
61	27			101	35		
62	27			102	34		
63	25			103	28		
64	26			104	28		
65	26			105	27		
66	26			106	26		
67	26			107	26		
68	33			108	27		
69	31			109	27		
70	32	279	2237	110	25	283	3333
71	29			111	25		
72	27			112	23		
73	27			113	23		
74	28			114	23		
75	28			115	23		
76	27			116	24		
77	27			117	24		
78	24			118	29		
79	23			119	29		
80	24	264	2501	120	32	255	3588
81	24			121	30		
82	23			122	30		
83	23			123	26		
84	25			124	26		
85	25			125	26		
86	22			126	23		
87	24			127	23		
88	24			128	23		
89	26			129	23		
90	29	245	2746	130	24	254	3842
91	29			131	24		
92	36			132	24		
93	33			133	24		
94	29			134	22		
95	25			135	22		
96	25			136	22		
97	24			137	22		
98	23			138	22		
99	41			139	26		
100	39	304	3050	140	26	234	4076

Nombre de couches de maçonnerie à partir du pavé jusqu'en haut.	Hauteur de chaque couche.	Hauteur de chaque dizaine de couches.	Hauteur totale à chaque dixième couche.
141	22		
142	22		
143	22		
144	22		
145	30		
146	26		
147	23		
148	22		
149	22		
150	22	233	4309
151	25		
152	25		
153	23		
154	23		
155	21		
156	21		
157	21		
158	21		
159	21		
160	21	222	4531
161	21		
162	22		
163	22		
164	24		
165	24		
166	21		
167	21		
168	21		
169	19		
170	19	214	4745
171	20		
172	20		
173	20		
174	20		
175	20		
176	20		
177	20		
178	20		
179	20		
180	20	200	4945

Nombre de couches de maçonnerie à partir du pavé jusqu'en haut.	Hauteur de chaque couche.	Hauteur de chaque dizaine de couches.	Hauteur totale à chaque dixième couche.
181	26		
182	25		
183	24		
184	23		
185	22		
186	21		
187	21		
188	20		
189	20		
190	20	222	5167
191	20		
192	20		
193	21		
194	20		
195	20		
196	22		
197	22		
198	23		
199	23		
200	21	212	5379
201	23		
202	22		
Plate-forme (environ 400 pouces carrés) =			5424
Fragments de couches sur la plate-forme			
203	22		
204	22		
Hauteur totale existante =			5468

Nombre de couches de maçonnerie à partir du pavé jusqu'en haut.	Hauteur de chaque couche.	Hauteur de chaque dizaine de couches.	Hauteur totale à chaque dixième couche.	Nombre de couches de maçonnerie à partir du pavé jusqu'en haut.	Hauteur de chaque couche.	Hauteur de chaque dizaine de couches.	Hauteur totale de la grande Pyramide.
Hauteur probable de la partie manquante et qu'il faut ajouter, comme ayant formé les flancs de revêtement de la Pyramide jusqu'à la pointe finale formant le sommet. $=$		370		Ancienne hauteur totale déduite indirectement des observations de la longueur du côté de la base combinée avec l'angle .... de à et à			5799 5819 5836
Hauteur ancienne totale, ainsi déduite directement, environ $=$			5838	Des indications fournies par l'intérieur: voyez les chapitres derniers, à			5819

Et maintenant avec ces chiffres (où les mesures de la hauteur confirment celles du côté de la base dans des limites étroites, et *vice versâ*, si nous n'avons pas encore atteint une exactitude parfaite relativement à la connaissance de la forme et des dimensions de la grande Pyramide, nous nous en sommes du moins bien approchés.

Aussi ce que nous avons à faire maintenant, c'est de rechercher pourquoi l'architecte de la grande Pyramide a donné à ce monument, qui n'avait jusqu'alors aucun précédent dans le monde entier, la forme et les dimensions constatées ci-dessus; à savoir, pour la forme, une pyramide à base carrée, avec des côtés en pente sous un angle de $51° 51' \pm x''$ (probablement $51° 51' 14''$); et pour les dimensions, une hauteur verticale de, probablement, 5,819 pouces anglais?

VIII

Raisons de cette forme et de ces dimensions.

PRINCIPES D'UNE MÉTHODE DE COMMUNICATION SANS LANGAGE.

Ce fut un astronome allemand qui, il y a quelque quarante ans, — en sa qualité de représentant de la croyance générale des temps modernes, relativement à certains principes nécessaires au développement et à la consolidation d'une science exacte, — publia avec infiniment de zèle un plan particulier pour s'assurer s'il existe dans la lune des êtres raisonnables et civilisés.

Qu'il puisse y avoir là de telles existences, c'est une idée généralement considérée à présent comme impossible et absurde ; et cela pour mainte et mainte raison qu'il n'est pas besoin de citer ici ; — mais la méthode alors proposée pour ouvrir des communications avec les habitants de la lune, considérée seulement comme simple méthode, était bonne en elle-même jusqu'à un certain point, et pourrait être d'une utilité pratique, là où il y aurait possibilité d'une réponse positive ; c'est-à-dire, toutes les fois que deux grandes communautés d'êtres raisonnants, qui auraient également atteint, soit durant de longs siècles, soit par un don spécial, un état avancé de civilisation, viendraient à exister à un certain degré de voisinage l'une de l'autre, tout en restant séparées par quelque abîme physiquement infranchissable, ou d'espace ou de temps ; et n'ayant point en commun le langage, soit écrit, soit parlé.

C'est l'espace seul qui sépare la lune de la sphère terrestre ; or le professeur Gruithuisen a proposé de supprimer cette distance quant à la transmission de certaines idées, et cela de la manière suivante : — il aurait modifié

la couleur de vastes surfaces de la terre par des opérations agricoles, en leur donnant dans leur ensemble
la figure de la célèbre quarante septième proposition
d'Euclide ; proposition éternellement vraie, qui aurait dû
nécessairement être inventée, à laquelle il aurait fallu
arriver dans tout système de mathématiques sur la lune
aussi bien que sur la terre ; figure par conséquent également facile à lire, et communiquant les mêmes idées à
tous les esprits raisonnables ici comme là-bas, à la
seule condition d'être bien posés et suffisamment avancés
en science mathématique.

Pour la grande Pyramide, c'est le *temps*, et seulement
le temps, qui nous sépare de ses constructeurs, et qui
les sépare à leur tour des âges de l'histoire et de la
science de ces derniers jours. Si donc l'architecte primitif a désiré entretenir communication à travers les âges
avec les races humaines qui devaient venir après lui,
peuple tout autre, parlant une autre langue, venu plus
de quarante siècles plus tard, — comment a-t-il dû
probablement s'y prendre, s'il avait connaissance de ce
qui est écrit prophétiquement dans les saintes Écritures,
touchant l'accroissement de la science aux époques où
nous vivons ?

Les langues n'ont qu'une durée limitée ; beaucoup ont
surgi, puis sont mortes depuis la fondation de la grande
Pyramide, et chaque langue est propre à une seule
nation ; les vérités mathématiques, au contraire, une
fois découvertes, durent aussi longtemps que l'univers,
et sont communes à toutes les nations et à tous les
peuples du monde arrivés à un haut degré de civilisation Qu'a-t-il donc dû arriver, si le constructeur primitif a voulu énoncer, non par le langage, mais par un fait,
une importante vérité mathématique que lui, et lui
seul à son époque connaissait d'une manière spéciale et
inusitée ? Le signe scientifique représentant cette vérité
a dû rester sans signification, tant que les hommes
sont restés dans l'ignorance — ; mais l'architecte pou-

vait savoir, qu'un jour devait arriver enfin où, par suite d'une longue culture progressive des facultés humaines, il deviendrait possible à tout homme éclairé d'apprécier le symbole, et de lire les renseignements qu'il était primitivement destiné à transmettre.

Comment l'architecte aurait-il pu acquérir des connaissances et des lois scientifiques deux mille, trois mille ou même quatre mille ans avant tous les autres hommes ? Nous pourrons essayer un jour de le rechercher, après que nous aurons prouvé l'existence du fait lui-même. Mais, en attendant, on peut soulever la question pratique, s'il existe quelque chose de frappant de ce genre dans la pyramide : c'est-à-dire si des connaissances scientifiques que le monde entier ne semblait pas posséder à son époque, ou que n'ont pas même possédées les deux ou trois mille ans qui ont suivi, sont actuellement gravées sur la grande Pyramide ou indiquées par elle ?

L'architecte ne les aurait pas gravées sur sa surface vraiment primitive, extérieure ou intérieure, car tout le monde aurait pu facilement les effacer; ou elles auraient pu, dans la suite, être écrites par les visiteurs modernes aussi bien que par l'architecte primitif. Et en effet, nous ne trouvons aucune trace de caractères d'écritures dans la pyramide, pouvant remonter à une certaine antiquité; les anciens signes que l'on voit encore, sont au contraire contenus, formés et façonnés de manière à faire, pour ainsi dire, partie de la substance même de la grande Pyramide, et à constituer les *ipsissima verba* de nul autre que des constructeurs primitifs adressés directement à nous. Ces caractères presque innés, s'y trouvent en nombre et forment toute la matière de notre récit. Voyons d'abord comment la première grande vérité mathématique de la construction a été monumentalisée par l'ancien architecte.

RAISON DE LA FORME, EXPRESSION DE π.

Cet angle de 51° 51' 14" qui détermine la forme de la grande Pyramide et que nous avons trouvé dans notre chapitre précédent, une fois adopté pour la pente des côtés d'une pyramide à base carrée, établit entre le double de la hauteur verticale et la longueur du périmètre des quatre côtés de la base, le même rapport qu'entre le diamètre et la circonférence du cercle; c'est-à-dire la valeur bien connue dans les mathématiques modernes sous le symbole de π, ou 3,14159+ etc.

Cette solution particulière d'un problème très-nécessaire, offerte, ainsi que nous le savons incontestablement par la forme de la grande Pyramide, mais restée inconnue pendant deux mille ans, a été pour la première fois reconnue et signalée dans l'antique édifice par feu M. John Taylor de Londres, comme résultat de ses études littéraires des mesures prises par le colonel Howard Vyse, en 1837. Aussi loin que l'on peut pousser l'observation, c'est un fait certain que la hauteur primitive de la grande Pyramide $\times$ 2, est au périmètre de la base comme 1 est à 3,14159 + etc. ; ce qui exige que l'angle des faces soit de 51° 51' 14", 13; mais ce fait est-il le résultat d'une coïncidence accidentelle ou d'une intention morale formelle?

Qui oserait prétendre connaître la pensée et prouver l'intention d'un être placé à si grande distance de nous dans l'histoire du monde, que l'architecte de la grande Pyramide?

Les disputes et les contradictions de ces dernières années nous ont involontairement mis sur la voie de savoir ce pourquoi, et d'expliquer ce comment.

A peine l'hypothèse du feu John Taylor avait-t-elle été publiée que toute une armée de contradicteurs déclarèrent qu'une pareille idée était beaucoup trop scientifique pour avoir été conçue à une époque si reculée, contrairement à leur théorie antibiblique de l'origine sauvage de l'homme — par un personnage aussi grossier et aussi barbare qu'était nécessairement l'architecte de la grande Pyramide, puisqu'il a vécu dans les âges primitifs du monde. Aussi, dans la plénitude et la profonde pitié de leur sagesse moderne, ces écrivains de nos jours émirent nombre d'idées beaucoup plus simples, ou mieux appropriées à leur théorie de l'enfance de l'humanité : par exemple, que la largeur de la base devait être avec la hauteur dans le rapport de 8 à 5, ou de 5 à 3, ou de 3 à 2, ou enfin dans d'autres proportions plus élémentaires encore s'il était possible et sans portée numérique. Mais ces proportions, si simples qu'elles soient, et alors même qu'elles posséderaient en elles-mêmes une puissance de bonté, de vérité ou de sentiment, capable de captiver les rois et les nations de cet âge reculé, représentent-elles réellement la forme actuelle de la grande Pyramide?

Pas le moins du monde. Elles en sont beaucoup plus éloignées que la mystérieuse tradition recueillie par Hérodote, et interprétée pour la première fois correctement par John Taylor (voyez page 43). Or, quand on eut acquis la certitude que cette déclaration traditionnelle demandait un angle de 51° 49', tandis que l'angle mesuré est de 51° 51' et peut-être quelques secondes, la tradition d'Hérodote, longtemps victorieuse, fut aussitôt abandonnée, même de ceux qui s'en étaient faits les plus chauds défenseurs.

Mais quand, plus récemment encore, une autre hypothèse fut presque simultanément imaginée par deux autres savants modernes, et qu'elle se trouva donner un angle de pente de 51° 50' 39", en n'exigeant qu'une hauteur plus petite de 2 pouces, sur une hauteur totale de 5,819 pouces, que celle exigée par l'hypothèse circulaire, — alors se produisit une nouvelle idée pouvant réclamer le privilège de représenter les faits observés de la forme de la pyramide, sinon tout à fait aussi bien que l'autre, au moins bien en deçà des limites de l'erreur probable des observations les plus modernes, ou moins de 40 secondes.

Cette nouvelle théorie ainsi produite fut que la forme de la pyramide était régie par la loi d'une élévation de 9 pour chaque avancement horizontal de 10 vers l'intérieur, dans la direction de ses diagonales ; ou que la longueur d'une demi diagonale de la base était à la hauteur comme 10 : 9. La forme résultant de cette idée se trouve tellement rapprochée de celle qui résulte de l'hypothèse circulaire, — que M. Pétrie, ingénieur civil, un de ceux qui l'ont découverte, faisait remarquer que la seule dilatation produite par le soleil pouvait faire passer la pyramide d'une de ces formes à l'autre ; ou que de fait, la grande Pyramide, en tant qu'il ne s'agissait que de la forme, pouvait exprimer l'une de ces idées la nuit, et l'autre le jour, bien qu'en théorie, en signification, aussi bien que dans l'intention et le dessein de celui qui a conçu le plan, l'une des formes puisse être aussi différente de l'autre, que le jour de la nuit. Et cependant, quoique ces deux systèmes diffèrent tant entre eux, de nouvelles mesures de l'angle ne pourraient en aucune façon jeter plus ample lumière sur cette question : laquelle de ces idées est exprimée par le monument ?

Voilà donc un cas où l'on aurait pu discuter éternellement et sans augmenter en rien nos connaissances, si l'ancien architecte n'avait pris soin de laisser derrière lui certains autres traits qui prouvent son intention d'une manière complétement indépendante de toutes précisions particulières des mesures modernes de l'angle unique de son œuvre.

Il y a même deux séries de ces indications additionnelles : l'une consiste dans les angles des principaux couloirs de l'intérieur de la grande Pyramide qui devraient être théoriquement de 26° 18' 10", et que l'on voit dans trois cas osciller autour de ce chiffre, c'est-à-dire être de 26° 26', 26° 6' et 26° 17' ; valeurs déduites, ainsi que je l'ai

démontré dans *Vie et Travaux*, de l'hypothèse circulaire,
jointe à l'aire de la section principale. L'autre indication
a été découverte par M. Petrie.

Dans l'esplanade rocheuse, en face du côté oriental
de la grande Pyramide, se trouvent trois larges tranchées, et une plus petite mais longue, pratiquées dans le
vif du rocher. On ne trouve rien de semblable près d'aucune des autres pyramides, et elles ont ce caractère
absolument inexplicable par les égyptologues de l'ordre
hiéroglyphique, que, bien que chaque tranchée soit éloignée des autres, cependant leurs axes centraux prolongés
sur un plan horizontal se rencontrent en un point commun ; j'ai moi-même vérifié le fait avec un instrument de
précision.

Il y a plus encore : les angles de convergence (1)
exactement mesurés au même point, font retrouver,
bien que dans un plan horizontal, l'angle de la base et
l'angle du sommet de la grande Pyramide ; rattachant
ainsi les tranchées à cette pyramide plutôt qu'à aucune
autre. Mais on n'avait encore obtenu aucune explication de la position absolue de tout le système des tranchées sur cette esplanade, lorsque M. Petrie signala le
rapport suivant entre la grande Pyramide et les tranchées du nord et du sud, qui forment la base du système
des quatre tranchées.

Si, comme l'a indiqué feu John Taylor, l'on décrit un
cercle du centre de la large superficie constituant la base
de la grande Pyramide avec la hauteur de la pyramide
pour rayon, ce cercle sera tel que la longueur continue
de sa circonférence est égale au périmètre des quatre
côtés de la base carrée de la pyramide.

La circonférence de ce cercle doit nécessairement se
trouver en dehors du carré, au milieu d'un des côtés, et
en dedans des angles, d'une certaine quantité mesurable. Ainsi, au milieu du côté oriental, le cercle s'étend

(1) Voir *Vie et Travaux*, t. II, page 185.

en dehors de la base de la pyramide de façon à passer à travers le point de convergence sur le plan du prolongement des quatre tranchées, tandis qu'une ligne, menée comme double tangente au cercle en ce point, représente ou marque les axes des tranchées du nord et du sud, prolongés en dedans jusqu'à ce qu'ils se rencontrent et forment ensemble une ligne droite parallèle et extérieure au côté oriental de la base de la pyramide.

Mais les extrémités extérieures de ces deux tranchées sont larges et carrées, et à une distance l'une de l'autre beaucoup moindre que la longueur d'un côté de la base de la pyramide; et pourquoi? C'est apparemment parce que des lignes abaissées à angle droit sur le côté oriental, des points où le cercle idéal de la base entre dans le carré actuel de la base, à une bien courte distance de l'angle, donnent la longueur de la tranchée nord vers le nord, et de la tranchée sud vers le sud.

Donc, en laissant de la marge pour quelques petites irrégularités secondaires, et pour les circonstances de la pyramide, au temps sans doute où elle se trouvait en voie de construction, circonstances que nous avons discutées dans *Antiquité de l'homme intellectuel* (1), nous avons une preuve aussi positive que si elle était écrite et bien plus durable que tout monument écrit, — que l'architecte primitif a eu l'idée d'exprimer la « *rectification* du cercle », ou la « valeur de π »; c'est-à-dire le rapport mutuel du cercle et de son diamètre : le rayon ou le demi-diamètre étant représenté par la hauteur verticale de la grande Pyramide (une ligne intérieure à laquelle personne ne peut toucher), et le cercle par son carré équivalent; la circonférence de l'un étant égale en longueur au périmètre de l'autre, rapport qu'un homme instruit seul peut saisir comme ayant quelque chose de commun entre un cercle et un carré.

L'idée fut donc cachée aux hommes de son époque;

_____

1) Voir *Antiquité de l'homme intellectuel*, page 192.

et bien qu'elle se trouvât exprimée sur une échelle aussi gigantesque que le monument nommé, *par excellence*, la *grande* Pyramide de toutes les nations et de tous les temps, — elle dénote, non le désir d'une publication immédiate, mais plutôt la persévérance incessante du constructeur à mettre en œuvre une idée qu'il considérait comme noble en elle-même, digne de vivre plus longtemps dans les siècles éloignés qu'aucune des œuvres contemporaines de l'homme, et pouvant servir de point de départ aux générations à venir pour un cours de symbolisme scientifique à la fois et religieux.

RAPPORT DE LA HAUTEUR A LA DISTANCE DU SOLEIL.

Mais il y a dû avoir plus encore que cela, pour qu'on décidât non-seulement que l'édifice devait être grand, mais encore qu'il devait avoir, avec la forme exacte et parfaite que nous venons de démontrer, précisément telles et telles dimensions, de façon à n'avoir ni plus ni moins que 5,819 pouces anglais de hauteur.

Les écrivains modernes ont beaucoup trop suivi jusqu'ici l'exemple du rhéteur Pline, dont l'argument n'était guère autre que celui-ci : le roi qui érigea la pyramide était un tyran, voulant à tout prix avoir le plus élevé des monuments humains, alors même qu'il ne pourrait l'obtenir qu'au prix de l'oppression de son peuple. Tout cela évidemment ne donne pas la raison de dimensions *précises*, et n'explique pas pourquoi on avait évidemment établi des calculs préalables, alors qu'on faisait la base carrée, qu'on marquait ses angles par des soubassements exacts, qu'on dressait ses quatre faces sous une pente de 51° 51' 14" 3'''. ; et qu'on indiquait la hauteur verticale projetée par le cercle horizontal tracé avec cette hauteur pour rayon, en rapport intime avec les grandes tranchées.

Que peut-on donc invoquer comme raison probable de cette dimension *précise*, 5,819 pouces anglais, qui se rattache en même temps, avec beacoup de probabilité, logiquement et scientifiquement, à l'intention déjà démontrée du plan primitif ?

Cette raison, vraiment saisissante, et cependant facile à démontrer a été découverte par William Petrie. C'est que la longueur représentée par la hauteur de la grande Pyramide est 1 : 10^9 de la distance moyenne de la terre au soleil; et que le cercle équivalent de sa base carrée représente l'orbite moyen annuel de la terre autour du soleil, cette hauteur et cette surface étant à l'échelle même de 1 : 10^9, ou de $\dfrac{1}{1\,000\,000\,000}$.

Il n'y a pas en effet le moindre doute que la hauteur de la pyramide multipliée par 10^8, donnerait une distance moindre que celle de Mercure au Soleil, tandis que multipliée par 10^{10} elle donnerait une distance plus grande que celle d'Uranus. Ni l'un ni l'autre de ces nombres 10^8 et 10^{10} ne sont indiqués par aucun trait de la grande Pyramide; tandis que sa forme, comme nous l'avons déjà prouvé, désigne avec une exactitude merveilleuse 10 et 9 comme nombres pyramidaux. Mais avec quel degré d'exactitude la hauteur de la pyramide mulipliée par 10^9 donne-t-elle la vraie distance moyenne du Soleil à la Terre ?

$$\frac{5{,}819 \times 10^9}{\text{Nombre de pouces du mille anglais}} = 91\,840\,000\ \text{milles}$$

anglais. La hauteur adoptée par M. Petrie, qui s'accorde le mieux avec la mesure française du côté de la base de la pyramide, et rentre parfaitement dans ma formule générale de 5 820 ± 19 pouces, est de 5 835; et

$$\frac{5\,835 \times 10^9}{63\,360} = 92\,093\,000\ \text{milles anglais.}$$

Prenons l'un ou l'autre de ces résultats, ou la moyenne des deux, comme on voudra, et faisons-la égale en chiffres ronds à 92 millions de milles. — Lorsque M. Petrie fit le premier ce calcul en 1867, il croyait avec tous les

Traités d'astronomie publiés pendant la première moitié du siècle, que la distance moyenne du soleil à la terre était de 95 millions de ces mêmes milles, — aussi jeta-t-il son travail de côté comme mettant l'hypothèse en défaut, — la différence entre 92 et 95 étant beaucoup trop grande pour pouvoir s'expliquer par la supposition d'une erreur dans les mesures de la pyramide.

Mais quelques mois plus tard, il apprit les nouvelles et remarquables découvertes d'astronomie des quinze dernières années. La distance ordinairement admise du soleil à la terre, 95 millions, a été reconnue comme trop grande; et tant par la théorie que par l'observation, les plus grands astronomes de France, d'Allemagne, d'Angleterre et d'Amérique ont obtenu de nouveaux résultats.

Quels sont-ils?

Ils oscillent autour de 92 millions, entre 91 et 93 millions, entre des limites en effet plus grandes que les résultats de la pyramide, mais donnant réellement presque la même moyenne avec des hauteurs de 5,819, de 5,820, ou même de 5,835 pouces anglais.

Il reste ainsi démontré que ce n'est que depuis les quinze dernières années que la science du monde moderne, si fière et si suffisante, a fait assez de progrès pour qu'on puisse apprécier la signification astronomique du chiffre de la hauteur de la grande pyramide, et en même temps l'intention manifeste de celui qui en a conçu le plan.

LA DISTANCE DU SOLEIL A LA TERRE
DANS L'HISTOIRE.

En effet, dans les deux premiers milliers d'années du monde, après le déluge et la fondation de la grande Pyramide, les hommes s'imaginaient que le soleil était si peu élevé au-dessus de la surface de la terre, qu'il ressentait même l'influence des vents dans ses mouvements; c'est ainsi qu'Hérodote explique le mouvement

du soleil vers le sud en hiver; il y serait poussé, selon lui,
« par les vents Étésiens de l'Égypte. »

Dans le troisième millier d'années, grâce aux écoles
scientifiques de la Grèce et d'Alexandrie, les hommes
avaient étendu leurs connaissances de la nature, et en
étaient venus à considérer le soleil comme éloigné de la
terre d'environ 5 millions de milles. Pendant le quatrième millier d'années, ils avaient successivement aug-
menté leur appréciation de 5 à 36 millions, vers le
temps de Képler; puis à 70 millions, grâce aux admi-
rables observations de M. l'abbé La Caille, envoyé au cap
de Bonne-Espérance par Louis XIV : et en dernier lieu à
95 millions, par les observations du passage de Vénus
à la fin du siècle dernier, observations calculées dans le
siècle présent. Mais ce n'est qu'au commencement du cinquième millier d'années depuis la fondation de la pyramide, et dans ces quatorze dernières années, que l'humanité a réussi, grâce à tout le développement progressif
de sa science astronomique, à se rapprocher de la vérité,
à un million de milles près; c'est-à-dire assez pour qu'on
ait pu reconnaître, par une coïncidence frappante, la
signification de la hauteur de la grande Pyramide.

LES ÉGYPTOLOGUES DES MUSÉES.

Arrivé à ce point de nos recherches, nous nous trouvons en butte aux violentes attaques des égyptologues,
qui, ne nous donnant aucun secours direct dans nos
laborieuses et souvent coûteuses recherches, ne prenant
eux-mêmes aucune mesure exacte, et se contentant
d'accabler de leurs malédictions ceux qui les prennent,
— osent cependant prétendre qu'il n'est point en dehors
d'eux, de données vraies sur les monuments égyptiens;
que la science de la grande Pyramide est leur apanage;
et répètent à grands cris contre nous et les résultats
de nos mesures : « Conclusion absurde ! Il va sans dire
« qu'il ne peut y avoir aucune signification dans la coïn-

« cidence qu'on vient de constater; puisque nous autres,
« égyptologues, nous savons que les Égyptiens ne con-
« naissaient pas la distance de la terre au soleil ; qu'ils
« n'avaient même aucune idée que la terre fût ronde ;
« qu'ils la croyaient une plaine unie, et la représentaient
« dans les hiéroglyphes à peu près comme une simple
« galette. »

Mais, aimables lecteurs, et vous qui vous livrez à l'étude systématique de la grande Pyramide, il ne nous est pas possible de tolérer plus longtemps l'intervention et les idées préconçues de Messieurs les égyptologues, qui ne sont, dans la science, que de simples linguistes. Après leur avoir déjà, dans la première partie de notre ouvrage, rendu hommage même au delà de leur mérite, pour le bien qu'ils ont pu faire dans la sphère de leur égyptologie, il est bien temps de leur annoncer, et cela catégoriquement, que la grande Pyramide, avec tous ses faits de science pratique, échappe à leur compétence. Après avoir eu ce monument majestueux entre leurs mains pendant des siècles, sans l'avoir compris, ils l'ont négligé et méprisé jusqu'au moment où une nouvelle classe d'hommes a surgi enfin pour l'examiner d'une façon à laquelle ils n'avaient jamais songé ; et si ces nouvelles recherches prouvent clairement que tombeau ou non, égyptienne ou non, la grande pyramide est un monument de nombre, de poids et de mesure, — ce fait irrécusable doit être pour tous les égyptologues de l'école hiéroglyphique comme le *Mane, Mane, Thecel, Pharès*, écrit autrefois sur les murs d'un autre ancien édifice.

L'interprétation simple et radicale de ces paroles n'est ni plus ni moins que « nombre, nombre, poids, division; » bien que, dans leur application à ce cas particulier, elles soient bien connues commes et raduisant ainsi :

« Vous avez été pesé dans la balance et vous avez été
« trouvé trop léger. Votre royaume a été donné aux
« Mèdes et aux Perses. »

IX

Principes de science pour l'exploitation de la grande Pyramide

LE ROLE DES PERSES EN ÉGYPTE.

Si les Perses n'avaient pas envahi l'Égypte ancienne, pillé ses temples bizarres d'une religion fausse et renversé ses gigantesques statues idolâtres, l'admiration de tout le monde païen, qui sait combien de temps les hommes auraient adoré ces blocs insensés et ces misérables pierres taillées? Il semble réellement que l'un des points considérés par le Saint-Esprit comme de la plus haute importance, ait été le renversement de ces idoles gigantesques et séduisantes contre lesquelles le peuple d'élection avait été si souvent prévenu. Comment douter que le roi Cambyse (successeur de Cyrus, l'élu de Dieu) ait reçu le secours d'une force plus qu'humaine, pour l'accomplisement d'un dessein bien au-dessus de son but?

Que de fois depuis ce grand acte de justice divine, les héritiers du système misraïte d'idolâtrie ont-ils essayé de relever la tête; comme dans les derniers jours de l'Empire romain, quand il devint de mode parmi les riches Patriciens d'adopter l'ancien culte égyptien; — il est vrai que ce fatal engouement cessa bientôt pour eux et pour leurs descendants, par la prompte et rapide destruction de ce puissant empire.

Pendant les siècles de ténèbres qui suivirent, les Mahométans eux-mêmes maîtres de l'Égypte, si peu portés à l'idolâtrie, commencèrent à se laisser tellement entraîner par l'effet magique de l'art idolâtre, surtout par ce type gigantesque des monuments égyptiens, le grand sphinx, au pied de la colline de la Pyramide, — qu'un derviche, pour sauver les âmes de ses compa-

triotes, voulut achever ce que Cambyse avait commencé ;
il s'y fit hisser par des câbles, et le marteau à la main,
il travailla avec tant d'ardeur qu'il détruisit cette beauté
profane, qui, pendant bien des siècles, avait séduit et
perdu à tout jamais un nombre infini d'âmes.

Et, de nos jours encore, bien que le sphinx soit assez
laid, ou plutôt assez mutilé, pour effrayer la plupart de
ceux qui le voient, et que Ra et Ammon, ainsi que Kneph,
et plusieurs autres dieux pareils, soient renversés, foulés
aux pieds, et usés au point d'être méconnaissables, —
l'industrie perverse de nos lettrés en égyptologie a
recueilli parmi les œuvres éparses dans les recoins
des tombeaux ou des temples des spécimens égarés des
plus petites idoles égyptiennes qui ont eu peine à sur-
vivre ; et soit sous forme de figurines en porcelaine
verte, en albâtre jaune, en granit rouge, en basalte
noir, de scarabées gravés, ou de bracelets d'or incrus-
tés et ornés de figures de dieux à tête d'animaux, elle
les place aux premiers rangs sur les tablettes d'honneur
de nos musées modernes, pour qu'elles n'échappent pas
au regard du public les jours de fête et de congé.

Il n'y eut chez eux d'abord que la simple intention de
satisfaire une curiosité purement scientifique ; mais le
cœur de l'homme, malgré ses aspirations continuelles
vers le surnaturel et l'avenir, est toujours ce qu'il était
il y a trois mille trois cents ans, — quand Moïse se trouvait
obligé d'avertir les Israélites : « *Deut.* xii, 30. Prends
« garde de rechercher les dieux des nations qui ont ha-
« bité ce pays avant toi, disant : comment ces nations
« servaient-elles leurs dieux ? c'est ainsi que je ferai moi-
« même. » Et l'histoire ne donne que trop de preuves
lamentables que l'âme humaine a tout autant à craindre
de la tentation aujourd'hui qu'autrefois. L'art vit toujours, et ses notes harmonieuses peuvent pénétrer dans
les replis les plus cachés du cœur, où ne peuvent pénétrer les larges allures de la science moderne, et où ses
enseignements ne peuvent trouver de défense. Les insi-

nuations les plus efficaces de l'art, — de la beauté, — sont précisément celles qui ont le plus de subtilité : elles entrent par les fentes, par les crevasses, etc.; elles s'infiltrent à travers des pores microscopiques, et elles ont déjà pénétré une pauvre âme, avant que celle-ci ait eu conscience du moindre acte d'invasion.

Aussi, presque partout où le panthéon de l'Égypte ancienne est devenu l'objet d'une étude incessante pour les conservateurs des musées et pour les lettrés modernes, tous ces érudits se trouvent esthétiquement inondés d'idées et de sentiments en trop parfaite harmonie avec ces tristes reliques du passé ; ils sont même plus Égyptiens que les anciens Égyptiens eux-mêmes dans leur respect sympathique pour plusieurs des objets profanes de l'Égypte. Et tout cela, sans qu'ils en aient la moindre conscience. Ils sont si complétement, si profondément saturés des sentiments caïnites et des idées pharaoniques, qu'ils deviennent les derniers dans toute notre communauté chrétienne par l'entremise desquels on puisse faire arriver à la connaissance du public de nos jours, de simples données numériques, scientifiques, ou physiques concernant la grande Pyramide, et démontrant qu'elle est le seul monument de toute l'Égypte (monument situé dans l'Égypte, mais non pas nécessairement égyptien) réellement pur, raffiné, scientifique, et sans la plus petite trace d'idolâtrie.

Assurément cette attitude hostile des égyptologues en pareil cas est en quelque sorte du même genre, quoique à un degré moindre, dans les temps modernes, que celle de l'Égypte ancienne, qui attira sur elle l'invasion iconoclaste de ces mêmes Perses, employés déjà par le Tout-Puissant à renverser un autre royaume affreusement idolâtre, le royaume de Babylone. C'était un peuple impérieux que celui-là; mais, malgré tous ses dieux d'or et d'argent, de bronze, de fer, de bois et de pierre, malgré son roi et ses milliers de seigneurs, il ne put résister à l'aspect de cette simple inscription : « Nombre,

nombre, poids, division. » Ces Perses antiidolâtres ont
dû être des hommes bien remarquables; et déjà il s'est
élevé en France un soupçon bien fondé, que l'on n'a
jamais pleinement rendu justice aux Iraniens dans l'histoire des peuples orientaux, histoire écrite par leurs
ennemis héréditaires.

LES MÉTHODES DES PERSES AVEC LEUR APPLICATION MODERNE.

Puisque nous nous trouvons ainsi en face d'un monument pur et sans reproche, qui aurait évidemment dû
conquérir leurs respects, occupons-nous un instant de
rechercher quelle espèce d'hommes les Perses primitifs
étaient, et ce qu'ils auraient pu faire à ce sujet.

Ainsi que nous le raconte un homme (1) qui ne les
aimait guère, non plus que leur pays, l'éducation des
jeunes Perses consistait à apprendre « à monter à cheval,
à tirer de l'arc et à dire la vérité. » C'est là un contraste
favorable avec le caractère plus fleuri, mais menteur des
Grecs théotechniciens, d'où nous vient à peu près exclusivement jusqu'à ce jour tout ce que nous avons de renseignements sur les Iraniens. Et si nous voulons maintenant essayer d'appliquer les vrais principes des Perses,
après les avoir adaptés aux temps modernes, à une étude
de la grande Pyramide prise à leur point de vue, — ce
que nous avons dit précédemment de leur éducation
peut signifier : *premièrement*, que nous devons voyager
pour recueillir avec exactitude les faits réellement obser-
vables; *deuxièmement*, que nous devons apprendre à
raisonner sur ces faits, de manière à reporter nos pen-
sées à l'origine primitive du monument, à la façon des
flèches tirées en arrière par les Parthes et arrivant droit
au but; *troisièmement*, que nous devons sans crainte
proclamer à la face du monde la vérité, quelle qu'elle
soit, à laquelle nous serons ainsi parvenus.

(1) Hérodote.

3**

Quant au premier de ces *desiderata* renouvelés des Perses, je n'ai rien à dire, sinon que je suis allé moi-même à la grande Pyramide, que j'y ai passé quatre mois à prendre toutes les mesures alors possibles par un simple observateur; et que ces mesures sont maintenant publiées tout au long dans le second volume de mon ouvrage : *Vie et Travaux à la grande Pyramide*. Mais quant au second de ces *desiderata*, c'est une œuvre longue, anxieuse et fatigante pour chaque homme en particulier, et chacun pourra s'approprier avec profit la disposition d'esprit dans laquelle Newton entreprenait la solution de ses problèmes, s'asseyant et *attendant* que cette solution lui vînt. Car ce n'est ni par la puissance, ni par la force, ni par l'habileté de l'intelligence, que l'on peut s'attendre à démêler la plus grande partie des mystères de la grande Pyramide, mais plutôt par l'arrivée de l'époque fixée, quelle qu'elle soit, pour l'accomplissement de ses fins et desseins.

Et cependant, si l'on peut y parvenir, cette œuvre sera une sorte d'opération scientifique, mais d'un ordre tout différent de celui de la plupart de nos applications journalières de la science.

En astronomie nous avons une forme scientifique bien connue, et d'un caractère se rapprochant de celui des mathématiques pures. En effet, avec le secours suffisant de la loi de gravitation, et dans l'absence de toute autre cause altérant sensiblement la position actuelle des astres du ciel, l'astronome praticien n'a guère autre chose à faire que d'essayer d'obtenir, pour chacune de ses observations, une exactitude indéfinie. J'ai actuellement devant moi un bulletin qui vient d'être publié par l'Observatoire national de Paris, où sont donnés à la fois et les éléments de l'orbite elliptique et de longues éphémérides journalières de la petite planète (127), uniquement fondées sur, et calculées d'après trois simples observations d'un seul et même observatoire, celui de Paris.

Mais dans la météorologie, il n'en est plus ainsi ; la

méthode scientifique prend un caractère bien différent.
En effet, les causes de perturbation y sont si nombreuses
et si excessivement puissantes, comparées avec quelques-
unes de ses lois primaires ou théoriques, — qu'il serait
inutile de prétendre à une induction ou à une prévision
fondée sur trois simples observations, si précises qu'elles fussent, eussent-elles même atteint une exactitude
inconnue dans l'évaluation de la pression ou de la
température de l'atmosphère à trois instants différents,
séparés dans le temps par un petit nombre de jours
et cela dans un seul et même observatoire. Sans être
moins scientifique que l'astronome, le météorologiste
sensé se sert donc autrement de la science ; c'est seulement par des observations approximatives, mais
comptées par milliers, et faites dans une centaine d'ob-
servatoires différents, qu'il s'ingénie actuellement à
découvrir les lois qui régissent la nature dans le monde
de l'atmosphère.

En pyramidologie, nous nous trouvons précisément
entre les deux exemples extrêmes de l'astronomie et de
la météorologie, et cela pour bien des raisons liées étroitement aux circonstances des objets à observer ; objets
qui ne sont pas l'œuvre de la nature, mais l'œuvre de
l'homme, aidé ou non d'une inspiration descendue du
ciel.

En effet, tandis qu'il nous faut, en pyramidologie,
tout comme en astronomie, nous attacher à faire nos
observations personnelles les plus exactes possibles, à
l'aide des instruments de mesure les plus puissants possibles, mais nécessairement portatifs, nous ne pouvons pas
cependant les faire aussi exactement que celles de l'astronomie avec des instruments non portatifs et plus grands
encore : nous avons en outre à découvrir et à éliminer
certaines erreurs des phénomènes que nous observons,
erreurs causées en partie par l'état actuel de *dilapidation*
de l'édifice, et en partie par les fautes des anciens ouvriers
eux-mêmes.

DU PRINCIPE DES LIMITES DANS L'OBSERVATION DE LA GRANDE PYRAMIDE.

Le pyramidiste ne peut donc éviter d'arriver, quand il répète ses observations, pour un seul et même objet composant l'une ou l'autre des parties de la masse de la pyramide, à un certain nombre de résultats différents dont aucun n'est absolument certain, ni d'une complète précision. Et le seul moyen d'obtenir en définitive des données numériques suffisamment exactes pour établir une théorie avec sécurité, consiste, non pas à essayer d'obtenir une seule expression numérique qui soit absolue en elle-même, mais à établir les deux limites entre lesquelles, quelque éloignées qu'elles soient, se trouvent assurément, d'une manière bien déterminée, telles ou telles longueurs, surfaces ou angles de la pyramide. Pour arriver à ce résultat, si le but particulier de ses recherches pour le moment consiste à déterminer quel était l'angle ancien de pente des faces de la grande Pyramide, il doit s'attacher à observer **cet** angle en beaucoup d'endroits de chaque face, partout où les pierres sont mieux conservées qu'à l'ordinaire, et cela, avec divers instruments et par diverses méthodes de mesure ; jusqu'à ce qu'il puisse annoncer avec certitude, et comme premier résultat, que l'angle réel tracé par l'architecte primitif se trouvait entre 51 et 53°.

Et, bien que ces limites soient très-larges, comparées à celles de bien des sciences modernes d'un ordre différent, elles sont néanmoins assez rapprochées pour permettre à l'investigateur moderne de la grande Pyramide, d'écarter de sa route nombre d'observations plus anciennes, qui ont assigné à la grande Pyramide une pente tout à fait en dehors de ces limites, c'est-à-dire de 55°, 57° ou même 60° ; aussi bien que de prouver que certains amateurs d'hiéroglyphes de l'antiquité, comme certains égyptologues modernes, sont encore plus loin de la vérité. Si, en outre, par des soins ultérieurs, très-attentif à examiner les traces des échantillons les mieux conservés des surfaces originelles et travaillées des pierres extérieures, l'habile pyramidiste parvient véritablement à resserrer ses limites de variation dans le cas dont il s'agit entre 51° 50' et 51° 52', il aura atteint enfin l'heureux point où il peut se passer de tous les observateurs plus récents, et en même temps indifférents, des temps modernes ; et réduire au silence le grand nombre de théoriciens de diverses sortes, ignorants volontaires de ce qu'était absolument la figure naturelle ou scientifique que l'architecte primitif voulait immortaliser par la forme de l'édifice qu'il élevait il y a quatre mille ans.

Évidemment si notre observateur pouvait réussir à restreindre encore ses limites au-dessous de deux minutes de degrés, ce serait un avantage; mais dans la pratique, il ne doit pas sans doute espérer d'y atteindre ; et il lui restera, dans toutes ses théories subséquentes, à chercher dans la nature, non pas seulement *une* forme, mais toutes les formes, s'il y en a plus d'une, qui peuvent se placer entre ces deux limites fixes d'observation de deux minutes, auxquelles il a déjà abouti. Et il devra admettre toutes ces formes dans ses recherches, jusqu'au moment où quelques caractères nouveaux de la pyramide ou dans la pyramide, lui montrent lesquelles de ces formes il faut rejeter, laquelle admettre comme ayant été réellement dans l'intention de l'architecte de cette époque si reculée.

RÉSULTATS MULTIPLES FOURNIS PAR UNE MÊME PAIRE DE LIMITES.

Mais ce principe des limites peut aussi nous conduire avantageusement bien plus loin encore ; car si la nature même de l'édifice et le mode de mesure de la pyramide, ou, si l'écriture ancienne et l'interprétation moderne du langage de la pyramide, sont telles qu'on ne puisse rien ramener à un chiffre précis, mais resserrer seulement entre deux limites plus ou moins distantes, — est-ce qu'un principe naturel analogue n'aurait pas pu être utilisé à dessein par l'architecte primitif, quand il se proposait d'immortaliser deux ou plusieurs grandeurs naturelles qui, bien que différentes d'origine, de nature et de but, — pouvaient cependant rentrer merveilleusement dans les mêmes étroites limites de *dimensions* mesurables ?

L'argument en faveur d'une pareille intention se fortifie par chaque preuve nouvelle obtenue de la sagesse supérieure de celui qui a tracé le plan ; car, s'il n'avait pas fait d'une pierre deux coups, il aurait laissé sans application une loi naturelle qu'il avait véritablement entre ses mains, et il n'aurait pas transmis son message à la postérité de la façon la plus complète possible. D'ailleurs, on ne voit pas souvent *deux* quantités naturelles ou deux formes scientifiques différentes parvenir à rentrer dans des limites aussi étroites que celles que les meilleures observations modernes peuvent assigner aux restes les plus précieux de l'antique grande Pyramide. Ici il s'en rencontre parfois deux, entre les limites de $\dfrac{1}{1\,500}$ de la quantité entière ; témoin l'angle caractéristique de la forme π de la grande Pyramide, $51^{\circ}\,51'\,14''\,3'''$, et l'angle correspondant à un accroissement en hauteur 9 de l'arête, pour chaque retrait égal à un dixième de la diagonale de la base, $51^{\circ}\,50'\,39''$, comme nous avons vu dans le chapitre précédent ; d'où nous avons conclu, d'après d'autres traits observés dans la pyramide, que ces deux caractères, qui sont bien tous les deux dans les limites fixées, ont pu et dû être matérialisés.

EXEMPLE D'UN MOYEN POUR INDIQUER LES DEUX LIMITES EN QUESTION.

Ce double principe invoqué à l'appui des théories de la grande Pyramide, pourrait d'autant mieux se justifier que l'on constate son introduction dans l'ancienne pratique de la pyramide. Ainsi, lorsqu'en présence de deux données pouvant se décrire ou s'expliquer de deux manières, il est loisible à un homme de choisir l'une, et à un autre la seconde, suivant leurs goûts, — l'architecte de la pyramide, ayant la conscience que ces deux modes sont trop séparés matériellement l'un de l'autre pour être exprimés ensemble dans les limites des erreurs probables, a construit son édifice de façon à montrer non l'un ou l'autre de ces modes seulement, mais la *moyenne entre les deux.*

Par exemple, la théorie de la grande Pyramide que nous allons actuellement développer, exige une latitude, pour sa construction, de 30°. Or cette latitude se mesure sur un globe pourvu d'une atmosphère; et, s'il fallait exiger là une latitude *vraie* de 30°, dans laquelle, en tenant compte de la réfraction de l'air, le point polaire du ciel serait nécessairement vu à une latitude absolue de 30° 1' 37", ou si vous le voulez, au contraire, à une latitude *inférieure* de 1' 37" à 30°, telle encore que, se tenant alors dans le parallèle de 29° 58' 23", un observateur verrait le pôle élevé sur l'horizon d'un angle précis de 30°. La réponse pratique donnée par l'architecte primitif a été de placer son édifice à la latitude presque moyenne entre ces deux parallèles de 30° et 29° 58' 23", ou, d'après les observations modernes, à 29°58'51"; et s'il reste encore une toute petite erreur de 28" sur la moyenne exacte, c'est qu'il a rencontré des difficultés topographiques l'empêchant de creuser ses fondations à la moyenne exacte, sous peine de sacrifier d'autres avantages; ou que la latitude de l'Égypte basse a varié de cette petite quantité dans quatre mille ans.

DEUX LIMITES MARQUÉES DANS LA PYRAMIDE POUR FOURNIR UN RÉSULTAT MOYEN A UN PETIT NOMBRE DE GENS D'ESPRIT, EN LES CACHANT A LA MULTITUDE DES IGNORANTS.

Un autre exemple encore mieux adapté à l'intelligence ordinaire, se trouve dans la hauteur des couloirs de la Pyramide. Théoriquement l'on devait s'attendre à trouver pour ces couloirs une hauteur de 50 pouces ; or, si nous venons à mettre cette prévision à l'épreuve de l'observation, nous nous trouvons en face du fait embarrassant, que tous les principaux couloirs se trouvent en pente, c'est-à-dire s'élevant ou s'abaissant suivant un angle de près de 26° 18'. Dans ces conditions, il y a deux façons d'apprécier les hauteurs de ces sortes de couloirs ; c'est-à-dire, soit par leur *hauteur transversale*, qui est la plus facile à mesurer, soit par leur *hauteur verticale*, qui s'accorde mieux avec l'idée métaphysique de hauteur, mais qui est bien différente de la hauteur transversale.

L'architecte, dans cette circonstance, ne s'est pas attaché à donner à l'une de ces idées de hauteurs différentes les 50 pouces voulus, aux dépens de l'autre ; mais il a donné à sa hauteur une longueur presque exactement comprise entre celles correspondant aux deux manières de prendre la mesure. En effet, la hauteur transversale du couloir d'entrée est, d'après les mesures modernes (p. 26, vol. II de *Vie et Travaux*), de 47' 24 pouces, et la hauteur verticale (voir p. 148, vol. II de *Vie et Travaux*), de 52' 76 pouces ; dont la moyenne est juste = 50' 00 pouces.

L'ARITHMÉTIQUE DE LA GRANDE PYRAMIDE.

Heureusement que certains autres principes de la pyramide se rapportent à des chiffres absolus — comme les cinq faces et les cinq angles de toute pyramide à base carrée, — et qu'aucune jonglerie métaphysique ne peut ni

réduire ce nombre à quatre, trois ou deux, ni l'élever
à six, sept ou plus. Et puisqu'on a permis à un célèbre
écrivain philosophe de l'Allemagne d'édifier tout un
système d'arithmétique sur une base de deux, quatre, ou
huit, d'après la conviction d'alors que la grande Pyramide avait une base triangulaire, et n'avait par conséquent en tout que quatre faces et quatre coins, ses amis
seraient mal venus à nous reprocher de nous approprier les mêmes *principes*, et de prendre deux, cinq, au
lieu de deux, quatre, pour fonder, relativement à la
grande Pyramide, un système décimal arithmétique,
et de plus un système décimal arithmétique d'une
nature particulièrement *anthropologique*. En effet, les dix
indices de numération de l'homme, tout comme ceux de
la Pyramide, sont partagés en deux séries de cinq chacune ; et chacune de ces séries se compose de quatre
petits membres et d'un plus fort. Tandis que le corps
entier de l'homme s'approprie encore ces deux séries en
une seule belle série de cinq grandes extrémités ; chacune avec cinq subdivisions, formant un grand système
de 5×5 : mais dont un des membres, la tête, avec les
cinq sens, a une importance vitale au-dessus de tous les
autres membres, c'est-à-dire les deux mains et les deux
pieds, avec leurs vingt subdivisions réunies.

Il en est de même relativement aux cinq faces de la
grande Pyramide : il y en a quatre triangulaires et com-
parativement petites en surface, tandis que la cinquième
est carrée et d'une superficie plus grande. Et quant aux
cinq angles, bien que quatre d'entre eux soient en bas,
et partent du sol, il en est un qui se trouve élevé de la
manière la plus visible et sans rival vers le ciel, et forme
le couronnement unique du sommet terminant symétriquement tout l'ensemble de la construction, ou, selon
les auteurs bibliques, « la principale pierre angulaire
du sommet par laquelle tout l'édifice, aux parties parfaitement reliées entre elles, s'élèvent en un temple
saint à la gloire du Seigneur. »

Nous aurons à reparler plus tard de ces interprétations symboliques; nous n'avons actuellement qu'à montrer, dans la grande Pyramide, l'existence de certains nombres lui appartenant nécessairement en propre, et formant de vrais nombres pyramidaux présidant à sa construction; c'est-à-dire, premièrement et spécialement, 5 et 10, chacun des 5 se composant d'un 4 et d'un 1; tandis que la possession de la figure π en attachant à l'édifice cette fraction numérique 3, 141,594 $+$ etc., tout particulièrement, avec le retour d'une manière anormale de 3 et de 7, en notation décimale, qui fait de ces deux nombres non-seulement des figures de la grande Pyramide subsidiaires à 5 et à 10, mais les attribue tout particulièrement à la grande Pyramide seule, à l'exclusion de toutes les Pyramides d'Égypte qui n'ont pas la forme π.

LA TROISIÈME RÈGLE DU CODE DES PERSES APPLIQUÉE A LA GRANDE PYRAMIDE.

Dans toutes ces recherches sur les faits originaux relatifs à la grande Pyramide, nous ne faisons que suivre de notre mieux la première et la seconde règle de l'éducation des Perses; il nous reste encore à remplir le devoir imposé par la troisième partie du code persan, c'est-à-dire de publier la vérité en face du monde entier. Et pourquoi ce devoir serait-il difficile, ou demanderait-il un courage moral supérieur et une vertu presque héroïque?

Sans doute que les faits qui vont suivre et les conclusions auxquelles nous allons nous trouver inévitablement amené, vont être en complète contradiction avec toutes les opinions dominantes dans toutes les grandes villes ou métropoles des nations modernes, et dans tous les centres de culture de la science ou de la littérature modernes.

Nous avons déjà vu les égyptologues réclamer contre quelques-uns de nos résultats, simplement parce qu'ils impliquent de la part de l'architecte primitif de la grande

Pyramide des connaissances scientifiques au-dessus de ce qu'ils prétendent lui accorder. Mais quel était l'architecte de la grande Pyramide ? Était-il élève et rien de plus des Égyptologues du jour ? Et quant au degré de ses connaissances, est-il quelque ouvrage de lui authentique, meilleur, plus parfait et plus contemporain, par lequel on puisse le juger, que la grande Pyramide elle-même ? Non, bien sûr ; et si nous pouvons, par conséquent, prouver, par cette déclaration gigantesque et deux fois authentique qui est sienne, et par le témoignage de toutes les meilleures mesures modernes, qu'elle contient beaucoup trop de coïncidences avec la géographie, l'astronomie et la physique modernes, pour être un résultat du hasard ou de l'ignorance, — nous aurons nécessairement affranchi les recherches sur la grande Pyramide des mains des égyptologues enragés, pour la réserver à des hommes d'un caractère tout à fait différent, c'est-à-dire à ceux qui s'adonnent aux sciences exactes.

Mais la grande Pyramide ne s'arrête pas là : son sujet marche, marche toujours comme l'âme du vieux « John Brown, » *l'abolitioniste assassiné;* et voici que ces mêmes savants, après avoir réuni les premières petites pièces de science de la grande Pyramide, s'opposent à la solution de problèmes plus grands et, finalement, se révoltent eux-mêmes contre ce qu'ils voient à leur tour tomber de la Pyramide sur eux et leurs méthodes. En effet, la seule et unique façon d'expliquer le mode possible d'introduction dans l'édifice primitif de la grande Pyramide de tant de faits scientifiques (car, certainement parmi ses pierres, un grand nombre nous révèlent des faits de science infiniment élevés, auxquels les hommes n'ont songé que deux ou trois mille ans après la construction de ce monument, et dont ils n'ont eu une notion bien exacte que depuis à peu près une demi-douzaine d'années), — c'est de recourir à une *Inspiration divine* accordée à l'architecte primitif. —

« Voilà, disent les savants de notre ère, ce que la science

« moderne ne peut admettre, attendu que les règle-
« ments de toute association scientifique des temps ac-
« tuels qui se respecte, proscrivent l'intervention de
« toute doctrine religieuse, ce qui, en effet, n'a jamais eu
« lieu jusqu'ici. S'il est trop vrai que les fausses religions
« des types les plus insensés et les plus idolâtres y sont
« parfois discutées, seulement comme d'intéressants
« sujets des connaissances humaines, jamais on n'y a
« même fait mention de la religion véritable. — Et,
« ajoutent-ils, elle n'est pas nécessaire, car pour édifier
« une nouvelle science, dite *la science de la religion*,
« entièrement humaine et nullement divine, il suffit d'un
« simple *progrès naturel physique* continu, qui explique
« tous les phénomènes observés par les savants pendant
« les trois derniers siècles. »

Il a bien pu en être ainsi jusqu'ici pour cette enfant
puînée de l'humanité, la science moderne ; mais il n'est
pas sûr qu'il doive toujours en être ainsi. Des miracles,
comme aucun savant n'en a vu jusqu'ici, peuvent se produire dans les temps futurs du monde, tout comme la
Bible a déclaré qu'il s'en est produit dans les siècles passés, longtemps avant la naissance de la science, parce que
toutes les prophéties ne sont pas accomplies. Et voici que
dans l'antique grande Pyramide, qu'il nous est donné
grâce au progrès moderne d'examiner plus attentivement
que ne l'ont fait nos ancêtres, — nous découvrons
quelques rapprochements, quelques analogies de plus en
plus frappantes avec les premières interventions antéhis-
toriques dans l'ordre de la nature, qui se manifestaient,
suivant les saintes Écritures, toujours pour le bien de
l'homme et pour la gloire de Dieu. Car cet antique
monument plus vieux qu'Abraham, grand'-père de la
science moderne, précisément parce qu'il est composé
de tels faits, ne peut nullement s'expliquer que par un
recours à la révélation divine et au plan plus qu'humain
du salut de l'homme par l'incarnation et le sacrifice du
Fils de Dieu.

« Dans ce cas, vous n'introduirez pas le sujet de la
« grande Pyramide parmi nous, » reprennent les sociétés
scientifiques. Les autres pyramides tant que vous voudrez, et tous autres objets d'archéologie ; mais la grande
Pyramide, non! Jamais! la grande Pyramide!! Jamais!

Et ne s'apercevant pas qu'elles luttent contre la
pierre angulaire de l'ordre le plus élevé, complément sacré de cet unique édifice, taillée de telle
sorte que celui qui tombe sur elle sera brisé, et
que celui sur lequel elle tombera sera broyé, — ces
associations modernes, riches et opiniâtres, continuent
à faire leurs recherches comme auparavant dans un
monde idéal qu'elles ont créé tout récemment pour les
besoins de la libre pensée, et qui est absolument sans
religion. Aussi ne peuvent-elles pas éviter de grossir ainsi,
de plus en plus chaque année, leur amas de science ratio-
naliste, avec beaucoup de connaissances partielles et
incomplètes, et aussi beaucoup d'infidélité absolue.

En présence de ces immenses forces d'opposition, nous
avons à nous armer d'une résolution généreuse et d'une
invincible patience contre les calomnies modernes, afin
de conserver à l'humanité, jusqu'aux derniers âges des
écoles humaines, la connaissance du plus précieux héritage des siècles écoulés avant le commencement de la
civilisation. Hélas! depuis que ces paroles ont été écrites,
on m'a fait un devoir de m'exiler de la Société Royale
de Londres ! Elle avait publié dans les *Philosophical
Transactions*, des chiffres et des faits relatifs à la pyramide, absolument erronés, et elle s'est obstinée à ne
pas vouloir que la vérité se fît jour dans son sein.
Voyez ma brochure intitulée *La grande Pyramide et la
Société Royale de Londres*, mars 1874, chez W. Isbistor
et Cⁱᵉ. Nous la publions en appendice.

X

Les types ou étalons linéaires de la grande Pyramide, en rapport simple avec le globe sphéroïdal de la terre.

Comme nous l'avons déjà démontré, la hauteur verticale de la grande Pyramide en forme de π, est un grand et magnifique étalon de mesure linéaire ; harmonieux à l'excès, partie aliquote d'une grandeur naturelle, puisque multipliée par 10^9, elle est la distance de la terre au soleil : le périmètre de la base rappelle, sur la même échelle, l'orbite annuel de la terre autour de cette même source de lumière et de chaleur ; ou, plus strictement, en continuant l'analogie de π, c'est l'orbite du soleil moyen apparent de l'astronomie pratique, qui s'avance avec une vitesse uniforme chaque jour dans une direction rigoureusement circulaire.

Mais il y a beaucoup plus que cette analogie transcendante dans la base de la grande Pyramide pour attester des mesures de temps aussi bien que de l'espace ; celles surtout qui ont en vue l'ordre chronologique des ouvrages de l'homme et le bienfait général de toute l'humanité.

Le périmètre de la base formé des quatre côtés d'un carré, est évidemment bien propre à donner une idée de ce cycle de quatre ans, qui est nécessaire pour tenir compte du dernier quart de jour à peu près pour chaque année, et d'en faire un jour entier pour tous les quatre ans, de façon à produire ainsi l'arrangement bien connu chez toutes les nations modernes de l'année bissextile. Cette idée ressort plus clairement encore, quand nous trouvons que chaque côté de la base carrée de la Pyramide contient une allusion distincte, indépendante et rès-positive à une année concrète, et aussi à un jour concret bien proportionné à l'année. Voici comment s'établit cette confirmation remarquable.

Nous avons déjà montré que la longueur d'un côté de la base est certainement comprise entre les limites de 9,110 et 9,170 pouces anglais, et très-probablement égale à 9,140. (Voyez dans le dernier chapitre pour une autre mesure et une autre preuve de la valeur réelle de cette quantité, fournie par la pyramide elle-même.) Si nous divisons cette somme par 365,24, nombre de jours d'une année, nous obtenons 25,025 pouces anglais ; — nombre ou longueur qui, pour certaines personnes, semblera n'avoir aucune signification physique nouvelle et distincte qui lui soit propre, quoique, ou plutôt parce que provenant d'un édifice dont toute la grandeur a déjà été déterminée par une allusion à un phénomène physique complétement différent, à savoir, la distance du soleil.

Néanmoins les proportions qui existent dans la nature entre la grandeur de la terre et son orbite permettent à une seconde relation de prendre place ici entre ces données, toujours dans l'ordre des nombres pyramidaux; car cette longueur de 25,025 pouces anglais, qui montre si simplement et si instantanément le nombre de jours dans une année, une fois appliquée au côté de la base de la Pyramide, est aussi, d'après les meilleurs mesures géodésiques modernes, ni plus ni moins que la dix-millionième partie du demi-axe de rotation de la terre.

Une fraction pareille de cet élément essentiel du globe terrestre, a été signalée par le célèbre mathématicien Callet (1), il y a presque un siècle, comme promettant d'être un étalon bien supérieur, pour toutes les nations de la terre, au mètre dérivé d'une ligne superficielle tracée à la surface du globe. Plus récemment encore, sir John Herschell a démontré que si nous devons avoir la dix-millionième partie de quelque élément de la terre comme étalon, le diamètre d'un cercle est métaphysique-

____

(1) *Logarithmes* de Callet. Introduction, p. 100. Paris, 1795.

ment, aussi bien que géométriquement, d'une importance abstraite beaucoup plus grande que sa circonférence; que, dans un sphéroïde en révolution, le diamètre particulier autour duquel se fait sa révolution, comme dans le cas de la terre, en produisant par là le jour et la nuit pour tous les peuples humains, doit l'emporter de beaucoup en importance politique aussi bien que scientifique, sur tout autre diamètre quelconque. D'ailleurs, le chiffre de cette fraction commensurable, ou dix-millionième, $= 1 : 10^7$, est éminemment par son chiffre un nombre de la Grande Pyramide..

L'ÉTALON LINÉAIRE DE LA GRANDE PYRAMIDE RÉALISÉ EN PIERRE CALCAIRE

Mais avons-nous quelque preuve distincte et indépendante que l'architecte de la grande Pyramide se soit véritablement servi d'un étalon de mesure de 25,025 pouces anglais de longueur, ou bien qu'il ait voulu conserver et monumentaliser une pareille unité de longueur, dont il savait la relation avec l'axe de la terre et l'origine du jour et de la nuit? Telle est la question que chacun peut s'adresser. La meilleure réponse consiste à montrer que l'architecture ancienne a conservé et monumentalisé cette unité de longueur, en rapport direct et intime avec le nombre des jours de l'année très-distinctement et très-exactement, d'une façon aussi très-noble, quoiqu'elle n'ait pas dû être immédiatement reconnue de son temps par tout le monde, ou même par qui que ce fût alors au monde.

Il est vrai que cette quantité ou longueur n'a pas été inscrite, gravée ou taillée sur les côtés extérieurs de la base de la Pyramide, autant qu'on a pu le voir jusqu'à présent, excepté dans un seul cas qui pourrait n'être qu'une coïncidence accidentelle (1) ; mais bien dans

____

(1) Ce cas consiste dans une pierre de revêtement de la grande Pyramide, découverte par M. Waynman Dixon dans les débris sur

la profonde et sombre masse intérieure de la Pyramide , là où le long et étroit couloir d'entrée conduit le voyageur d'abord en bas, puis en haut, et enfin horizontalement, jusqu'à ce qu'il soit verticalement au-dessus du centre de la base, à une hauteur de vingt-cinq couches de maçonnerie (860 pouces anglais), on la trouve dans un appartement appelé de nos jours « Chambre de la Reine. » C'est une chambre en pierre blanche, avec un plafond angulaire, uni sur toute sa surface, excepté sur le mur oriental, où il y a une grande niche régulièrement rectangulaire, s'élevant du sol presque jusqu'au plafond, ou à une hauteur de 15 pieds, par une série de cinq degrés renversés. Or, bien que symétriquement construite sous d'autres rapports, bien qu'exacte dans ses proportions, à un dixième de pouce près, cette belle décoration ou construction est cependant énormément en dehors du centre de sa propre muraille; à tel point qu'elle semble être une erreur grossière aux yeux de tous, savants ou ignorants.

Pourquoi cela ?

Demandez-le aux égyptologues, et ils vous avoueront à grand'peine qu'ils n'en savent rien ; ou plutôt, ce qui revient au même, qu'ils n'y voient aucune importance. Regardez cependant cette chambre derechef, voyez la

le côté nord de la grande Pyramide, et dont il a fait cadeau à moi-même (Piazzi Smyth) en octobre 1872. Toute brisée qu'elle soit, cette pierre a encore des portions de cinq de ses six surfaces. Deux d'entre elles sont les faces de côté verticales, et donnent par conséquent la première occasion qu'on ait pu trouver depuis que l'attention s'est portée sur le sujet de la mesure de la *longueur* d'une pierre de revêtement de la grande Pyramide. Ainsi mesurée, la *longueur* du pied est à peu près de 25 pouces anglais. La partie supérieure est plus étendue, parce que les côtés ne sont pas tout à fait parallèles. Mais approximativement, si nous prenons la longueur de cette pierre du revêtement extérieur pour unité de mesure de l'ancien côté de la base du monument, il donnera le nombre de jours de l'année, problème inconnu aux Egyptiens et à tous les anciens peuples païens de son époque.

vérité mathématique et l'exactitude géométrique de la forme des pierres qui la composent, leurs joints microscopiques d'une si grande perfection (partout où vous pouvez les apercevoir à travers la couche de sel qui en a incrusté les surfaces); remarquez la parfaite symétrie de la chambre sur l'un et l'autre côté, et dites alors si ce grand et unique caractère, la niche, aurait pu être la seule partie excentriquement placée, et d'une quantité excessive, sans que les constructeurs aient eu quelque raison pour cela. Certainement non. Les artistes de la chambre témoignent contre les égyptologues. Adressez donc votre question à leur chambre elle-même; car il est naturel de poser une question pareille à un monument de nombre, de poids et de mesure.

Le moyen de la faire est simplement de déterminer de combien l'axe vertical de la niche est d'un côté du centre de la muraille orientale?

Cela posé, les seules mesures prises jusqu'à ce jour sont celles que j'ai publiées dans le deuxième volume, page 66, de mon ouvrage *Vie et Travaux;* et elles ont été relevées approximativement, sans le secours de l'échelle que j'aurais dû avoir pour mesurer au delà de six pieds du sol, et avant tout soupçon de la moindre importance à ce sujet. Néanmoins cette distance est ainsi de 25,3 pouces. Bien plus encore, le visiteur devra redoubler d'attention curieuse relativement à cette donnée, en trouvant que la largeur de la partie supérieure de la niche est aussi de 25,3 pouces, ou suffisamment rapprochée de 25,025 pouces symboliques, pour qu'on puisse attribuer la différence à l'imperfection de mes mesures, combinée avec l'état actuel de dilapidation.

Voici donc que nous avons appris quelque chose des constructeurs eux-mêmes. Voulant éterniser un étalon de longueur, ils ne le traçaient, ni ne le gravaient sur la muraille, à la façon des modernes, en un endroit où tous ceux qui viendraient après eux pourraient facilement l'apercevoir, et tout aussi facilement peut-être l'effacer et le graver de nouveau ; — mais ils ont donné à un trait essentiel, radical et important de l'architecture d'une chambre cachée un certain degré d'excentricité. C'est là un caractère que le vulgaire, ainsi que les savants de la classe des égyptologues, méprisent comme une erreur sans portée, mais qu'ils ne pourraient ni effacer ni altérer, quand même leur existence en dépendrait. Or que les savants de la science exacte s'en approchent, et qu'avec un respectueux désir de s'instruire ils posent cette question du *combien ?* — La réponse, qui s'est fait attendre pendant quatre mille ans, va immédiatement se faire. Et quelle réponse dans ce cas ? Une longueur ou mesure linéaire, laquelle, appliquée au côté de la base de la Pyramide, donne le fondement de la chronologie, c'est-à-dire le nombre exact des jours d'une année, pour notre terre pendant tout le séjour de l'homme raisonnant et religieux à sa surface ; et qui, appliquée par le calcul à la forme de la terre et à ses dimensions, telles qu'elles sont aujourd'hui connues, donne la dix-millionième partie de son demi-axe de rotation produisant les jours et les nuits.

L'ÉTALON DE MESURE LINÉAIRE OU LA COUDÉE DE LA GRANDE PYRAMIDE, EN GRANIT.

Mais cet étalon, tout en étant renfermé dans une chambre de température égale pendant toutes les saisons, se trouve exprimé ici en pierre tendre peu propre à perpétuer des mesures qui doivent être de la dernière exactitude. Mais cet exemple n'est pas la seule matérialisation de cette si mémorable coudée de la grande Pyramide. Pour en trouver un autre, retournez par le couloir horizontal de la chambre de la Reine, au gigantesque couloir en pente ou grande galerie, qui en part ; puis montez obliquement par cette grande galerie, jusqu'à ce que vous soyez presque verticalement au-dessus de la chambre de la Reine, à une nouvelle hauteur de

vingt-cinq couches de maçonnerie, et là vous vous trou-
verez pénétrant, par un couloir très-bas, dans un petit
appartement, connu actuellement des voyageurs sous
le nom de l'*antéchambre* de la chambre du Roi.

Dans cette antéchambre, l'unique voie d'accès à la
magnifique chambre dite CHAMBRE DU ROI, le principal
caractère architectural, est, sans aucun doute, une cloison verticale, traversant la chambre de l'est à l'ouest,
mais n'arrivant pas jusqu'au sol, ni ne s'élevant jusqu'au
plafond. Cette cloison verticale s'étend sur la paroi au
milieu de la chambre seulement ; et elle est beaucoup
plus près de l'extrémité nord que de l'extrémité sud,
tellement plus près de l'extrémité nord qu'il n'y a pas un
seul voyageur sur dix mille qui, à ce point, ne se redresse
de la position courbée qu'il a dû prendre pour entrer
dans la chambre par le bas couloir, et qui ne se tienne
debout entre l'extrémité nord de la chambre et cette
plaque cloisonnée.

Mais pour celui qui le fait, et se sert utilement de ses
yeux et de ses flambeaux (car cette cloison située au cœur
de la masse solide de ce grand monument de pierre, est
nécessairement dans une complète obscurité), des parties
remarquables s'offrent à sa vue.

1° Tandis que tous les matériaux de construction de la
pyramide que le voyageur a vus jusque-là, sont en pierre
calcaire, en cet endroit, dans cette petite chambre, commencent des constructions en granit rouge très-dur ; et
tout le reste des surfaces intérieures, à partir de ce
point, est de cette substance et de cette substance
seule. La cloison de pierre est donc de granit, et elle est
généralement connue de nos jours sous le nom de
« feuille de granit, » qui lui a été donné en 1637, par
M. Greaves, professeur d'astronomie à l'université
d'Oxford

2° Cette feuille de granit est en réalité composée de deux
plaques de granit rouge, l'une au-dessus de l'autre ; et
sur la plaque supérieure vers son côté nord, se trouve

une sorte de bosse ou bas-relief, de forme hémisphé-
rique aplatie, dont la courbure est dirigée vers le
zénith.

Cette bosse est matériellement une petite chose insi-
gnifiante, et si l'on avait pu la voir plus facilement,
elle n'aurait pas échappé au marteau des démolisseurs, —
qui, avec une persistance inouïe, ont brisé toutes les
arêtes de granit, autour des seuils des portes, des angles
des couloirs, et partout où l'on pouvait trouver un
rebord, presque comme s'ils avaient malicieusement
compris que l'on devait plus tard retirer quelque enseignement de la mesure exacte de ces parties de granit tant
dans l'antéchambre que dans la chambre du Roi ; et
qu'ils voulussent y pénétrer pour empêcher la réalisation
du dessein primitif.

Mais la bosse existe encore, presque intacte ; il n'en
est pas une autre dans toute la grande Pyramide ;
et sa position, là, est signalée par un croisement des
lignes théoriques principales du momument entier. En
outre, en voyant la difficulté qu'il y a eu de sculpter
en relief, dans le dur granit, une forme comme cette
bosse, et en constatant son degré considérable d'excentricité sur la feuille de granit, degré qui empêche de
l'attribuer à une erreur de travail de l'ouvrier, chaque
explorateur de la chambre de la Reine doit arriver à se
demander pourquoi cette excentricité existe dans une
autre chambre ?

La réponse a d'abord été donnée d'après mes mesures
dans *Vie et Travaux*, vol. II, par M. S. John Day,
qui a montré que, si vous mesurez, du centre de la bosse
vers l'est, et non-seulement jusqu'à la simple surface du
mur, qui n'est que de 21,5 pouces, mais jusqu'à l'extrémité orientale de la feuille de granit elle-même (qui entre
dans la substance de ce mur par une rainure rectangulaire large et bien taillée de 3,55 pouces de profondeur),
vous obtenez une longueur de 25,05 pouces anglais, ce
qui est encore évidemment la coudée du côté de la base

4*

de la grande Pyramide, et de la niche dans la chambre de la Reine. Voilà ce même étalon, de nouveau matérialisé par une excentricité mystérieuse, mais ici d'une façon plus exacte et plus minutieuse qu'auparavant.

SUBDIVISIONS DE LA COUDÉE DE LA GRANDE PYRAMIDE.

Arrivons maintenant aux subdivisions de cette remarquable coudée de la grande Pyramide, égale dans sa totalité à la dix-millionième partie du demi-axe de rotation de la terre, ou 25,025 pouces anglais. Comment l'architecte a-t-il subdivisé cette longueur, ou a-t-il voulu qu'elle fût subdivisée par les autres ?

La muraille méridionale de cette même antéchambre, contenant la feuille de granit, a depuis longtemps été la source de disputes parmi les voyageurs, les uns disant que son plafond est sillonné de quatre, d'autres de cinq lignes verticales. Par mes mesures très-exactes du monument et de toutes ses parties, mesures contenues dans *Vie et Travaux*, vol. II, je crois avoir prouvé pour toujours que ces lignes, qui sont profondes, fermes et droites, et qui s'étendent du plafond du couloir jusqu'à celui de l'antéchambre, ne sont qu'au nombre de quatre, mais qu'elles matérialisent en quelque sorte une division en cinq.

Mais qu'est-ce qui est divisé en cinq dans cette antéchambre particulière ? Le capitaine Tracey, de l'artillerie royale, a été le premier à signaler, et cela d'après les mesures publiées par moi, « que c'était *la coudée de la grande Pyramide* qui était ainsi divisée ; et que sa cinquième partie consistait dans la largeur de la bosse ; tandis que cette cinquième partie se retrouve en même temps subdivisée en cinq dans l'épaisseur de la même bosse. »

Et il en est réellement ainsi. C'est donc en appliquant ce principe de subdivision par cinq et encore par cinq, aux données que nous savons d'autre part constituer exactement la coudée pyramidale, que nous la trouvons finalement divisée en vingt-cinq (5 $\times$ 5) parties, dont chacune est égale à 1,001 pouce anglais.

Et comme les derniers résultats géodésiques, surtout ceux qui ont été calculés par le colonel Clarke R. E., du bureau de l'état-major, ont donné 500 500 000 pouces anglais, avec une très-petite erreur probable en plus ou en moins, pour la longueur totale de l'axe de rotation de la terre, — cette quantité physique, exprimée en pouces de la pyramide, si nous pouvons appeler ainsi les vingt-cinquièmes de la coudée pyramidale, devient juste égale à 500 000 000.

C'est ainsi que tout le système devient en quelque sorte « pyramidal ». Dans la grande Pyramide qui nécessite l'emploi prépondérant des nombres 5 et 10 avec leurs multiples, — son grand étalon linéaire se divise en 5 $\times$ 5 parties; et de ces petites fractions d'unité, ou pouces, *cinq cents millions* mesurent la longueur de l'axe de rotation de la terre; dont la moitié, divisée par dix millions, donne le grand étalon ou coudée.

Donc, à partir de ce point de nos recherches, on peut regarder la coudée et les pouces de la pyramide comme réellement interprétés dans leur portée physique et dans l'intention primitive de l'architecte : le symbolisme de ces couches de maçonnerie de 5 $\times$ 5 depuis la base jusqu'à la chambre de l'étalon de vingt-cinq pouces pyramidaux, autrefois appelée la ci-devant chambre de la Reine, devient clairement manifeste; et voilà aussi pourquoi la contenance cubique de cette chambre, dans les mesures qu'on en a prises, est montrée égale à dix millions de pouces pyramidaux cubiques.

Prenons encore deux exemples, où l'emploi de ces pouces pyramidaux met en évidence d'autres faits cosmiques que nous n'avons pas encore signalés.

Nous avons déjà admis la longueur du côté de la base de la grande Pyramide comme étant égale selon toute probabilité à 9 140 pouces anglais ou à 9 131 pouces pyramidaux. Multiplions cette quantité par les quatre côtés de la base, et divisons par cent, nous aurons 365 24, juste le nombre de jours d'une année. En d'autres termes, tout le périmètre de la grande Pyramide exprime le nombre de jours de l'année en termes de l'étalon de cent pouces pyramidaux, le double de la hauteur moyenne de tous les couloirs en pente de la pyramide. Ou encore, comme M. Petrie a été le premier à l'exprimer dans un but d'interprétation cosmogonique : la portion de l'orbite moyenne de la terre parcourue pendant le temps d'une révolution sur son axe, mesurée par le soleil, est égale à 10^{11}, ou, pour rappeler utilement les nombres pyramidaux auxiliaires, à 10 7±4 pouces pyramidaux.

En outre, les dimensions et la quadrature de la base de la pyramide sont éminemment caractérisés par la longueur et l'intersection de ses diagonales. Celles-ci présentent l'idée entière et le plan complet de l'édifice sur le roc vif; et elles mesurent ensemble 25 827 en pouces pyramidaux. Sommes-nous autorisés, dans la proportion d'un pouce par an, à considérer cette quantité comme une allusion faite par l'architecte à la grande période de la précession des équinoxes ? C'est ce que nous allons rechercher tout à l'heure, après avoir étudié d'autres phénomènes plus frappants encore.

XI

Géographie de la grande Pyramide.

Tous les traits caractéristiques des dimensions et de la forme de la grande Pyramide que nous ayons déjà passés en revue, sont purement mathématiques ou astronomiques, subsistant par eux mêmes, et indépendants de tout rapport avec la contrée extérieure. La Pyramide a cependant une position *géographique* déterminée, qui mérite de devenir l'objet de nos études. En effet, tandis que les orientations des temples de la période profane de l'Egypte, sous les Pharaons de Thèbes, font toute espèce d'angles avec la direction des quatre points cardinaux de la terre ; et tandis que les temples de Babylone et d'Assyrie sont orientés de préférence de manière à se trouver, non par leurs faces mais par leurs diagonales, en rapport avec les points cardinaux ; ou de manière à former par des faces un angle maximum de divergence avec quelque point cardinal pris pour centre de direction, les flancs de la Grande Pyramide regardent directement les points cardinaux, c'est-à-dire, font face exactement à l'est, à l'ouest, au nord et au sud ; de plus, l'entrée se trouve placée du côté nord ; et tous les couloirs intérieurs, soit montants, soit descendants, soit horizontaux, tous compris dans un même plan vertical, et dans le plan dont l'azimut représente le méridien astronomique, vont du nord au sud, tandis que les longueurs de toutes les chambres s'étendent de l'est à l'ouest.

Cette attention remarquable accordée tant à l'orientation astronomique qu'à la mise en évidence d'une ligne méridienne bien définie, et menée du centre de la Pyramide à sa seule porte, ouverture ou communication avec l'atmosphère et le monde extérieur, n'avait pas échappé aux *savants* de l'expédition française en 1799 ; et bien que les observations personnelles de M. Nouet pour l'emplacement de l'édifice, accusent une erreur de 19' 48" d'arc, on peut bien, en tenant compte des difficultés, considérer ce résultat comme merveilleusement près de la vérité. — Aussi les savants français se sont-ils noblement servis de la grande Pyramide comme d'une base de longitude pour toute l'Egypte. Dans leurs cartes nombreuses de ce pays à jamais intéressant, nous trouvons que chaque méridien particulier est gravé invariablement sur chaque feuille, par sa distance tant à l'est qu'à l'ouest « du méridien de la grande Pyramide. » **Et** dans leurs triangulations, ils se sont fréquemment servis du sommet en pointe du gigantesque édifice comme d'un signal topographique érigé d'avance dès les temps les plus reculés, sur leur première station.

Cette manière de procéder d'illustres savants n'était pas seulement remarquable et mémorable en elle-même ; la convenance de son application si naturelle a été confirmée depuis d'une manière et à un degré auxquels ils n'avaient pu s'attendre. Ainsi :

1° Les observations de M. Nouet, qui donnaient une erreur de 19' 58", avaient été faites en rapportant l'étoile polaire seulement à la surface de pierres rugueuses et brisées *en dehors* de la grande Pyramide, mais quand soixante-cinq ans plus tard j'ai répété ces observations avec un instrument plus puissant, en rapportant l'étoile soit aux lignes de jonction des encastrements qui terminent les coins de la pyramide, soit à la maçonnerie exacte et finie de l'intérieur du couloir d'entrée pris pour méridien, l'erreur fut immédiatement réduite à 4' 35". Et elle est peut-être plus petite encore ; parce que, en effet, la partie la mieux orientée de tout l'édifice au point de vue de l'azimut, est la « grande Galerie, » qui n'a jamais été mise à l'épreuve dans ce but. Examinée par moi-même, au point de vue de l'angle de pente (qui est un autre élément théorique), avec un appareil de grande précision, elle s'est trouvée plus en conformité avec la théorie qu'aucun des autres couloirs (1).

2° Toute la contrée de la basse Égypte est disposée en quelque sorte d'une façon symétrique autour et de chaque côté du méridien de la grande Pyramide, de façon à faire de toute la terre du Delta, mais sur une beaucoup plus grande échelle, un monument commémoratif du

_____

(1) Voir *Vie et Travaux*, vol. II, p. 145 et vol. III, p. 38, où l'on trouve, par mesurage praticable 26° 17' 37" au lieu de 26° 18' 10", par théorie.

plan méridien, qui sort de sa face septentrionale, et entre dans la Méditerranée par le point le plus au nord de la côte nord-ouest de l'Egypte.

Chacun connaît la forme de delta généralement attribuée à la basse Egypte, même au temps des Grecs; mais ce fut M. Henry Mitchell, hydrographe de l'exploration des côtes des États-Unis, qui, envoyé en mission il y a quelques années en Egypte, a pour la première fois appelé l'attention sur la courbure extérieure du côté septentrional de ce delta, ajoutant qu'il y avait pour cela une raison physique bonne et valable. En outre, tandis qu'il affirmait que cette courbe était en général régulièrement convexe par rapport à la mer, concave relativement à la terre tout le long de cette côte septentrionale, à partir de la tour des Arabes, où commence l'Égypte à l'ouest, jusqu'à la baie de Péluse où elle se termine à l'est, les côtes de l'est et de l'ouest de ce pays en delta, ayant à peu près cent milles géographiques de longueur, sont dirigées vers un seul et même point à l'intérieur et au sud, et viennent réellement se rencontrer très au sud, en un certain point digne d'attention — un point de toute importance dans la formation physique de ce grand triangle ou plutôt de ce grand secteur, qui constitue l'Égypte basse, — car il a été d'abord son centre de formation, et plus tard le centre du contrôle de son irrigation.

Y avait-il alors à ce centre du secteur, quelque œuvre humaine grandiose qui indiquât que son importance avait été reconnue même dès les temps primitifs ?

M. Mitchell, ingénieur éminemment praticien, se mit à la recherche et à la découverte de l'emplacement de ce point par de belles tentatives de mesure de distance et de direction qui lui étaient fournies par les courbes bien définies de la côte septentrionale; et il fut bientôt à même d'annoncer qu'il ne trouvait ce point recherché nulle part ailleurs que sur le site de la grande Pyramide.

La grande Pyramide est donc le centre ou le point

de convergence des rayons d'un éventail constitué par la basse Égypte sur un arc de 90°, commençant au pied de la grande Pyramide, et s'étendant vers le nord, la limite orientale étant marquée par la diagonale N.-E. de la pyramide, la limite occidentale par la diagonale N.-O., et la ligne centrale atteignant la partie la plus au nord de la côte septentrionale, par le méridien du plan vertical du couloir de l'édifice prolongé également vers le nord.

LA GRANDE PYRAMIDE *seule* DOMINE LE CENTRE DE LA BASSE ÉGYPTE.

Mais arrêtons-nous ici : n'allons pas par trop vite. M. Mitchell a avoué franchement que ses rayons de plus de cent milles de longueur, à partir de la côte septentrionale, avec leur point de convergence au sud, n'avaient pas séparé la grande Pyramide des autres pyramides sur la colline de Jeezeh. Dès lors, quelque autre pyramide pourrait se vanter d'être plus exactement ou plus visiblement le centre d'origine de ce secteur, ou d'occuper topographiquement une situation plus nette et plus tranchée que la grande Pyramide?

C'est une question que l'on a parfaitement raison de faire, et la réponse -fournie, par l'examen du site, est très-remarquable.

On a déjà signalé la bizarrerie et même le danger de la situation de la grande Pyramide tout à l'extrémité septentrionale de la colline au sommet de laquelle elle s'élève. Elle se trouve tellement près du bord que, si les constructeurs n'avaient pas adossé leurs débris contre cet escarpement septentrional, il se serait probablement affaissé sous le poids de la massive construction qui le termine là. Mais par contre, nous pouvons voir que c'est par cette avance jusqu'à l'extrême bord de la colline vers le nord, que la grande Pyramide doit non-

seulement d'être plus au nord et plus près du parallèle
de latitude 30° que toutes les autres, mais d'être en même
temps la seule pyramide qui domine la vue de la grande
plaine triangulaire, s'étendant dans la direction du nord,
du N.-E. au N.-O., à partir du pied de cette colline.
Toutes les autres pyramides sont si loin au sud du bord
septentrional, sur la surface nivelée du sommet de la
colline, qu'elles ne voient guère que la surface de cette
même colline au nord, aussi bien qu'à l'est, à l'ouest et
au sud, tout autour d'elles. De fait, par rapport à la grande
Pyramide, elles se trouvent à peu près comme le cortége
de quelque grand personnage ; elles sont la queue dont
ce personnage est la tête. Il s'avance seul au bord
du précipice à l'extrémité septentrionale de la colline,
pour contempler la plaine ou grand secteur qui, partant
de ce point, lui est donné en propriété ; — mais ses
serviteurs restent en arrière, au sud, se demandant peut-
être ce qui occupe l'attention de leur seigneur et maître
placé en avant, et qu'ils savent doué de bien plus nobles
idées que celles qui ont pu jamais entrer dans leur esprit.

Ainsi, ce grand trait topographique, et qu'il faut
voir sur place pour en apprécier pleinement l'importance, complète la découverte de M. Mitchell, et fait de
la grande Pyramide seule, entre toutes les pyramides de
Jeezeh, et plus encore entre toutes les autres pyramides
d'Égypte, incontestablement, celle qui peut seule réclamer le droit d'être placée au centre physique du delta,
et de posséder la souveraineté symbolique de ce merveilleux pays de l'histoire primitive, la basse Égypte.

Il y a eu tout récemment, il est vrai, la tentative isolée
d'un égyptologue, prétendant qu'une certaine ruine mal
ébauchée, connue faussement sous le nom de Pyramide
d'Aboo-Roash, située anormalement à plusieurs milles au
N.-O. de la grande Pyramide, parmi les collines de ce côté
de l'Égypte, enlève à la grande Pyramide le droit d'être la
plus septentrionale de *toutes* les pyramides. Mais comme
ce vain défenseur d'une pareille assertion a été réfuté tout

au long dans le journal *Les Mondes* (n^os d'octobre et novembre 1872), — nous suivrons la méthode plus simple de déclarer à quiconque voudrait revendiquer encore pour cette misérable ruine inachevée une telle prétention, que c'est pour lui une obligation de prouver qu'elle a jamais été une pyramide, dans une des acceptions vraies du mot, soit mathématique, soit architecturale, soit même funéraire. Tant qu'on ne l'aura pas fait, l'objection n'a aucune consistance, et la tentative pour détruire les droits de la grande Pyramide ne fait que maintenir de plus en plus l'édifice dans sa position chorographique.

LA GRANDE PYRAMIDE CENTRE DE TOUTES LES TERRES DU MONDE.

Bien juste donc et bien exact se trouvait le coup d'œil clairvoyant des *Savants français* de l'Institut d'Égypte, qui leur a fait choisir, dès 1799, le méridien de la grande Pyramide pour le zéro de longitude de toute l'Égypte. Peut-être même que, s'ils avaient eu plus de temps, ils en auraient fait un usage universel ; car nous savons que ces hommes éminents considéraient avec admiration l'Égypte comme étant en quelque sorte le centre de la surface terrestre du globe ; on voit en effet écrits en gros caractères, aux premières pages des immortels volumes qui ont pour titre *Description de l'Égypte*, ces mots :

Placée entre l'Asie et l'Afrique, et communiquant facilement avec l'Europe, l'Égypte était le centre de l'ancien monde.

Ceci est vague et trop général pour notre époque. Mais je puis heureusement renvoyer, pour des détails plus précis sur ce qu'est actuellement le monde, à ma brochure sur la *Projection de surface égale*, publiée en 1870 ; où, et d'après les meilleures cartes de nos jours, j'ai essayé de déterminer le centre de la surface entière du globe terrestre, du moins de toute la partie du monde habitable et soumise à l'empire de l'homme. Les résultats concluants auxquels je suis strictement arrivé, sont :

1° La basse Égypte occupe ce centre. 2° Le méridien de la plus grande partie du continent terrestre du nord au sud traverse la basse Égypte. Or, puisque le centre physique de la basse Égypte se trouve être, ainsi que nous l'avons déjà montré, dominée par la grande Pyramide, c'est plutôt le méridien de la grande Pyramide (le même dont les *savants* de France ont commencé à faire un si remarquable usage pour les longitudes il y a près d'un siècle), qui est le méridien de toute la terre, et qui est marqué en quelque sorte par la nature elle-même comme étant la seule ligne convenable à laquelle tous les peuples du monde pussent rapporter leurs longitudes par un consentement unanime.

Remarquons-le bien, nous avons obtenu ce résultat en nous servant des cartes de la terre telle qu'elle est actuellement, en y comprenant par conséquent l'Amérique et l'Australie, dont les anciens idolâtres ignoraient complétement l'existence. Si donc l'architecte de la grande Pyramide a placé son édifice dans une position aussi centrale sciemment, et non d'une manière inconsciente ou au hasard, — cette connaissance a dû lui venir d'une inspiration divine, et non des écoles de l'humanité. Il existe d'ailleurs encore d'autres caractères géographiques relatifs à la situation de la Pyramide, que nous aurons à examiner, et qui témoignent éloquemment, en invoquant le principe de l'accumulation de coïncidences admirablement exactes, de l'intention et du dessein prémédité de cet antique monument, non de l'Egypte seule, mais de toute la terre et de toutes les nations.

XII

Ire PARTIE.

La mesure du poids de la terre indiquée par la grande Pyramide.

Alors que l'extérieur nécessairement grossier et rude de la grande Pyramide s'est trouvé être d'une si grande importance, et d'un si précieux enseignement si long-temps méconnu, que ne devons-nous pas attendre si nous parvenons à lire dans l'intérieur, d'une construction plus parfaite et d'une meilleure conservation ?

Cet intérieur est une cavité d'une très-petite étendue, c'est-à-dire, dans le cas de la grande Pyramide, d'un deux-millième à peu près de toute la masse solide de pierre. Une moitié de cette cavité intérieure, qui comprend un total de 2 625 coudées pyramidales cubiques, consiste en un couloir en pente, élevé et presque central appelé la Grande Galerie ; l'autre moitié comprend en trois chambres, les couloirs longs, mais bas et étroits qui y conduisent, et quelques conduits encore plus petits ou tuyaux de ventilation pratiqués en pleine masse solide.

Des chambres ci-dessus, l'une est profondément souterraine, et nous pouvons la négliger ; premièrement parce qu'elle n'est pas terminée et n'a jamais été achevée par l'architecte, et ensuite parce qu'elle présente un caractère connu et suivi dans leurs petites pyramides par les Égyptiens profanes des anciens temps ; la seconde chambre est celle qu'on appelle la Chambre de la Reine, située à une hauteur de 25 couches de maçonnerie, ou de 72 pieds, de toute la construction ; et, comme nous l'avons vu, elle contient une allusion d'un prix inestimable à la coudée pyramidale. La troisième est celle

qu'on appelle la Chambre du Roi, située à une hauteur
de 50 couches de maçonnerie au-dessus du sol, ou de 143
pieds au-dessus de la base, de 342 pieds au-dessous
du sommet.

Nous étions tout près de cet appartement quand nous
avons parlé de l' « antéchambre » dans notre chap. x ;
de cette antéchambre en effet, un passage haut de
42 pouces seulement et long de 100,5 pouces, taillé
dans un dur granit, conduit immédiatement dans la
Chambre du Roi ; il n'y a plus rien au delà ; ou bien en
d'autres termes, c'est là la fin, le résultat, la consom-
mation de tout l'arrangement intérieur de la grande
Pyramide. Nous sommes alors bien près du centre de
gravité de toute la masse de l'édifice, dans un appartement qui a en chiffres ronds, 34 pieds de long, 17 de
large et 19 de haut ; il est admirablement taillé, murs,
plafond et parquet, dans un granit poli. De ses murs du
nord et du sud partent de longs conduits de ventilation,
d'un très-petit diamètre, aujourd'hui bouchés en haut
par les Arabes, à l'extérieur de la Pyramide. Au-dessus
du plafond sont certains espaces creux, mais fermés,
au nombre de cinq. De ces cinq ouvertures, une a été
découverte en 1750, et visitée par les savants de l'expédition française ; formant un petit conduit, qui part du
coin supérieur de la grande Galerie, elle était peut-être
un ouvrage des anciens maçons. Mais les quatre autres
espaces, bien fermés par une excellente maçonnerie, sur
tous les côtés, ont été découverts seulement par les fouil-
les du colonel Vyse, et montrent les peines extrêmes
prises par les constructeurs pour débarrasser le plafond de l'unique chambre précieuse des effets destructeurs du poids de la partie supérieure de l'édifice
qui a pesé sur elle pendant quatre mille ans.

Qu'était-ce donc que ce grand et final appartement,
dit du Roi ? qu'était-il destiné à contenir au centre
obscur de la masse pyramidale ?

Tout ce qu'il contient aujourd'hui est une boîte longue,

vide et sans couvercle, de granit rouge, détachée et parfaitement mobile sur le parquet ; c'est une boîte de la
forme désignée dans les temps modernes par quelques-
uns sous le nom de coffre, et par d'autres sous celui de
sarcophage. Dans cette dernière hypothèse, de qui était-ce
le sarcophage, et quel personnage y fut enseveli ?

Ce ne fut pas Khufou, Shofo ou Chéops qui construisit
la grande Pyramide, d'après Hérodote ; car cet historien
dit expressément, et Diodore de Sicile avec lui, que
ce roi n'a nullement été inhumé dans sa propre pyramide ; ils affirment, au contraire, qu'il a été inhumé dans
un autre lieu au niveau des eaux du Nil, et nous croyons
avoir trouvé son tombeau au sud de la grande Pyramide
ainsi que nous l'avons décrit tout au long dans un
chapitre précédent. Ce ne fut pas non plus le sarcophage de quelqu'autre roi égyptien, car ils avaient
tous grand soin de faire sculpter des ornements et
graver leurs noms, leurs dignités et leurs principaux
titres de gloire sur leurs sarcophages ; — or celui-ci
n'a ni caractères, ni inscriptions, ni rien enfin qui puisse
mettre à contribution la science des égyptologues. Sarcophage donc d'intention ou symbole de mort pour tous
les hommes, mémorial de *mors janua vitæ æternalis*, si
vous voulez ; mais jamais sarcophage employé à tourner
le cadavre d'un homme en particulier.

Ce qu'il y a d'assez curieux à présent, c'est que
presque tous les voyageurs, durant les trois derniers
siècles, bien que s'imaginant presque toujours que ce
« vase » n'était rien autre chose que la bière du roi
Chéops, aient continué de le traiter comme s'il avait
quelque rapport important avec la science de la métrologie ; aussi m'a-t-il été possible de dresser un tableau
des résultats des visiteurs successifs qui en ont pris
des mesures ; mesures vraiment si nombreuses, qu'il
n'est aucune autre bière, cercueil, sarcophage, coffre
ou boîte dans le monde entier, qui ait reçu un pareil
honneur des savants.

Bien que le tableau ci-dessous puisse ne pas être tout à fait juste dans les réductions des mesures différentes à un étalon commun, les dimensions qu'il donne sont néanmoins beaucoup plus exactes que la plupart des mesures qui en ont été prises. Et je ne saurais trop appeler l'attention tant sur les exagérations évidentes de quelques observateurs anciens que sur la manière bien nette dont il ressort, d'après ce tableau comparé, qu'entre 1600 et 1850, bien que le coffre ait été mesuré par nombre de personnages érudits, il ne s'est trouvé parmi eux que trois bons et habiles observateurs ; c'est-à-dire, le professeur Greaves en 1638 ; M. Jomard, représentant l'Institut de France en Égypte en 1799, et le colonel Howard Vyse en 1837.

Et néanmoins aucun d'eux n'est parfaitement exact. Le professeur Greaves excelle pour les mesures intérieures, auxquelles il a consacré une excessive attention ; mais il s'est terriblement trompé pour les mesures extérieures, qu'il ne regardait pas comme de grande importance. M. Jomard est d'une grande exactitude pour ses mesures à l'extérieur et à l'intérieur, excepté pour un seul élément, la hauteur dans une série et la profondeur dans l'autre : là il se trompe de l'énorme chiffre de 3 pouces tout entiers, alors qu'il prétendait apprécier jusqu'à des centièmes de pouce. Le colonel Howard Vyse de son côté n'a commis sur aucun point d'erreurs positives ; mais il s'est arrêté aux pouces et demi-pouces, de sorte que ses chiffres ne peuvent servir pour une appréciation minutieuse.

Voici ses dimensions :

Mesures modernes du coffre de la grande Pyramide, en pouces anglais

AUTEURS	DATES	EXTÉRIEUR			INTÉRIEUR		
		LONGUEUR	LARGEUR	HAUTEUR	LONGUEUR	LARGEUR	PROFONDEUR
	Ap. J.-C	Pouces	Pouces	Pouces	Pouces	Pouces	Pouces
Bellonius	1553	144	72				
P. Alpinus	1591	144	60	60			
Sandys	1610	84	47				
De Villamont	1618	102		60			
Prof. Greaves	1638	87 05	39 75	39 75	77 86	26 62	34 32
De Monconys	1647	86	37	40			
M. Thevenot	1655	86	40	40	75	29	
M. Lebrun	1674	74	37	40			
M. Maillet	1692	90	48	48			
De Careri	1603	86	37	39			
Lucas	1699	84	36	42	74	26	
Egmont	1709	84		42	72		
Père Sicard	1705	84	42	36			
Dr Shaw	1721	84	36	42	72	24	
Dr Perry	1743	84	30	36			
M. Denon	1799	84	48	38			
M. Jomard	1799	90 59	39 45	44 76	77 84	26 69	37 28
Dr Clarke	1801	87 05	39 75	39 75			
W. Hamilton	1801	90	42	42	78	30	
Dr Whitman	1801	78	38 75	41 05	66	26 08	32
Dr Wilson	1805	92	38		80	26	34 03
M. Caviglia	1817	90	39	42	78	27	
Sir G. Wilkinson	1831	88	36	37			
Colonel Howard Vyse	1837	90 05	39	41	78	25 05	34 05
Moyenne de 10 mesures extérieures par Piazzi Smyth, et de 20 mesures intérieures de chaque élément, sur tous les côtés souvent bien différent l'un de l'autre mais non comptant le bord enlevé.	1865	89 71	38 65	41 17	77 93	26 73	34 34
En pouces pyramidaux		89 62	38 61	41 13	77 85	26 70	34 31

Si la mesure de hauteur de M.. Jomard, 44, 76 pouces avait été exacte, le coffre n'aurait pu être introduit dans la chambre, car l'entrée, pratiquée dans la masse de granit rouge de 100, 5 pouces d'épaisseur, a 41, 2 pouces de large, et seulement 42 pouces de haut. Mais il est encore une autre anomalie inexpliquée dans son ouvrage, sur laquelle il est à propos d'attirer l'attention de tout le monde : je veux parler de la figure gravée du coffre, que j'ai soigneusement copiée dans mon premier livre sur la pyramide, avant d'aller en Égypte. Il la représente comme une longue boîte rectangulaire, avec les sommets de toutes les parois unis, complets et symétriques ; tandis que maintenant il y a un rebord, qui selon toute apparence est ancien, découpé tout le long du sommet de la paroi occidentale, et à l'intérieur du sommet des parois est nord et sud, comme s'il avait dû supporter jadis un couvercle de granit.

Ce couvercle, s'il eût été en place, aurait complété pour le coffre la forme d'un sarcophage ; car chaque sarcophage a son couvercle. Mais dans ce cas même, comme aucun nom d'homme ne se trouve gravé sur le vase, il est admis, même par les égyptologues, qu'il peut n'avoir jamais servi à cet usage. Les francs-maçons d'ailleurs ont émis l'opinion que ce n'avait jamais été un sarcophage réel, mais seulement un symbole. Cela peut être vrai. Mais si l'on veut qu'il ait été un symbole métaphysique ou logique de la mort et de l'éternité, ne peut-il pas avoir aussi, et beaucoup plus probablement, symbolisé des objets physiques, ou mathématiques, surtout après tous ceux que nous a déjà révélés l'extérieur de la grande Pyramide, monument par excellence de nombre et de mesure?

S'il en est ainsi, nous pouvons être assurés que les mesures prises, pour peu qu'elles aient d'exactitude, vont nous donner des indications précieuses.

Commençons donc par les simples dimensions du coffre, e les qu'elles sont contenues dans le tableau ci-dessus ; et calculons d'après ces chiffres, son volume en pouces cubes pyramidaux, le volume primitif bien entendu, c'est-à-dire la contenance exacte du vaisseau, avant que ses belles et complètes proportions eussent été détruites, par l'entaillement postérieur du rebord (entièrement négligé par tant de modernes dans leurs descriptions), près du sommet des côtés. J'espère qu'on voudra bien m'excuser si, dans ce cas, comme dans beaucoup d'autres qui peuvent se présenter quand il s'agit des mesures de l'intérieur de la grande Pyramide, je ne fais usage que de mes propres observations. Ce n'est pas que je les pense parfaites, ni moi-même intrinsèquement meilleur que mes prédécesseurs, mais parce que j'ai l'inappréciable avantage d'avoir eu les yeux ouverts, avant de visiter la pyramide, sur l'extrême importance d'obtenir des mesures beaucoup plus exactes que les anciennes. Aussi ai-je consacré à ce résultat cent fois plus de travail que n'avait jamais fait personne auparavant, et j'en ai publié tous les détails, avec une exactitude minutieuse et sans exemple, dans la littérature de la pyramide, pour la satisfaction des critiques scientifiques. Voyez *Vie et Travaux*, vol. II.

De ces mesures il résulte que

Le volume intérieur du coffre en pouces pyramidaux $= 77,85 \times 26,70 \times 34,31 = 71\,317$

Le volume extérieur du coffre $= 89,62 \times 38,61 \times 41,13 = 142,319$

D'où il semblerait que, dans la limite des incertitudes des mesures du coffre, dans son état actuel de dégradation, le volume extérieur est double du volume intérieur; résultat géométrique qui nous rappelle le célèbre et ancien problème de la duplication du cube, beaucoup plus que l'intention de préparer un cercueil pour recevoir la dépouille mortelle d'un homme.

En prenant pour épaisseur des côtés 5,952, et pour

celle du fond 6,866 pouces (nombres donnés dans les mesures de *Vie et Travaux*, vol. II, p. 120 et 121),

Le volume cubique du fond est :

$$89,62 \times 38,61 \times 6,866 = 23\,758$$

et celui des côtés :

$$2\,(89,62 \times 26,70) \times 34,31 \times 5,952 = 47\,508$$

ce qui nous donne encore la proportion de 2 à 1.

Si nous avions employé la malheureuse mesure de M. Jomard, pour la profondeur intérieure ou la hauteur extérieure, comment aurions-nous pu aboutir par le calcul à quelqu'un de ces résultats ? Certes, le destin est bien étrange ; c'était un homme excellent et distingué que M. Jomard, habituellement plus exact que tous ses prédécesseurs, et cependant il a commis ces deux erreurs grossières. De plus le destin jaloux a fait qu'il a jeté le poids de ses deux erreurs dans le même bassin de la balance, comme pour déguiser particulièrement un seul et même caractère du coffre, et le plus nécessaire à connaître exactement en ce moment, à savoir, la hauteur primitive du sommet des côtés au-dessus de la surface plane du fond, à l'intérieur et à l'extérieur. Caractère le plus nécessaire à connaître, je le répète, mais qui a été malheureusement sur le point d'être perdu pour toujours : car, depuis le temps de M. Jomard, des gens malintentionnés et insensés ont brisé avec des marteaux, morceau par morceau, tout le couronnement primitif de chaque côté du coffre, excepté sur quelques petits endroits, près de l'angle nord-est.

Aussi ai-je eu soin de relever très-attentivement la carte des positions spéciales de ces heureux restes de l'ancien temps, et de chercher leur rapport en hauteur avec toute la surface du fond. Mais dans quelques années, si l'action destructive continue dans la même proportion, ces dernières traces de l'état primitif auront complétement disparu (1) ; et alors, apparemment,

____

(1) En 1872, mon ami Waynman Dixon m'a envoyé d'Égypte

le monde aura perdu la grandeur que l'architecte
de la pyramide se proposait de conserver à la postérité
la plus reculée, d'une manière plus sûre encore que
par tous les autres procédés, au moyen de ce gigantesque édifice.

Il est encore un autre *memento* de la profondeur du
coffre que le grand architecte a laissé derrière lui ; et,
ce qu'il y a d'étonnant, c'est que la mauvaise destinée
de M. Jomard est cause qu'il a jeté, certainement sans le
savoir, des doutes sur ce point, en ne signalant pas,
dans les gravures qu'il a données du coffre, comme
œuvre du temps, le rebord taillé qui existait réellement.
Quand nous trouvons, en effet, actuellement ce rebord
(Voir *Vie et Travaux*, vol. II, p. 116) large de 5,952 pouces
sur le bord occidental, 26,70 sur le bord transversal
nord, et 1,63 du bord oriental, en tout 34,282, nous
voyons que c'est encore la mesure de la profondeur
directe intérieure, une autre indication de cette même
particularité, et une indication qui restera jusqu'à ce
que le bord extrême du sommet de tous les côtés
ait entièrement disparu.

Ainsi, en dépit des faits, de la destinée, des accidents,
comme vous voudrez les appeler, on est enfin parvenu à
conquérir à notre siècle, et seulement au temps présent, une
connaissance presque complète, exacte et même authentique des dimensions du coffre de la Chambre du Roi dans
la grande Pyramide. Nous l'appelons coffre, plutôt que
sarcophage, parce qu'il ne possède aucun des caractères
propres aux sarcophages, et parce qu'il a certaines
dimensions mesurables qui révèlent des problèmes
scientifiques, et qui n'ont aucun rapport avec un sarcophage. En même temps c'est un vaisseau de forme très-
exactement rectangulaire, à bords plats et unis ; et si nous

une copie en plâtre du coin supérieur nord-est du coffre ; et aussitôt que je l'eus comparé avec mon dessin et mes photographies
de 1865, j'ai trouvé, hélas ! qu'un gros morceau de la première, du
bord nord-est, était perdu ou enlevé.

exprimons en pouces cubes pyramidaux les mesures de sa
capacité intérieure, nous trouvons les résultats suivants :

Par mesure directe de l'intérieur............ 71 317

Par la moitié du volume extérieur 71 160

Par mesure directe du fond et des autres
parois................................... 71 266

En prenant la profondeur intérieure à partir
du bord taillé........................... 71 258

Moyenne probable 71 250

IIe PARTIE

Unités de poids dans le système métrologique de la grande Pyramide.

Nous arrivons ici à la question des questions. Pourquoi l'architecte de la grande Pyramide a-t-il donné à ce
coffre précisément ces dimensions particulières, et non
pas d'autres?

A cet effet, jetons un coup d'œil sur la chambre dans
laquelle ledit coffre est placé.

Cette chambre est féconde en indications de nombres,
de poids et de mesures. Voici seulement une douzaine d'années qu'on a commencé à s'en apercevoir;
mais c'était la faute du monde, de l'éducation moderne
et surtout de la routine des égyptologues ; car quelques-uns de ces caractères ont toute l'évidence possible,
ils sont d'ailleurs façonnés en blocs d'un granit assez
dur pour défier toutes les injures du temps, et ils ont
été placés là avant le commencement de l'histoire.

Chaque visiteur admire la chambre, mais peu d'entre
eux peuvent en décrire la structure exactement. —
Ainsi George Sandys écrit en 1610 : « les extrémités
sont formées de huit pierres, et les côtés de seize! »
Que faisait-il donc de ses doigts et de ses yeux, car ces

chiffres n'ont rien d'exact. De même aussi le professeur Greaves, en 1639, dit : « A partir du sommet (des
« murs de la chambre) jusqu'au bas, il n'y a que six
« rangs de pierres, qui, se trouvant toutes d'égale
« dimension, sont harmonieusement espacés à la même
« hauteur, tout autour de la chambre. » Et cependant
le nombre des rangs ou couches est seulement de cinq,
dont chacune a un peu moins de 4 pieds de haut.

Plus tard, voici M. Fourmont qui atteste en 1755, que
« les murs sont formés de six rangées égales. » Et le
Dr Clarke le confirme en 1801, en écrivant de son meilleur
style : « Il y a seulement six rangées de pierre du sol au
plafond. » Puis, en 1817, le Dr Richardson est venu étonner
le monde, en affirmant que la chambre est « garnie tout
« autour de larges pierres plates, unies et parfaitement
« polies, chacune s'élevant du sol au plafond. »

Lord Lindsay vient renchérir encore sur cette prodigieuse affirmation, quand, en 1838, il appelle la Chambre
du Roi « une noble salle, garnie d'énormes dalles de
« granit de vingt pieds de haut : » -- hauteur à peu
près d'un pied plus haute que la chambre elle-même.

Était-ce leur ignorance ou leur éducation qui aveu-
glait ainsi tous ces personnages ? Ce que cette chambre
était réellement, une chambre de nombre, de poids et
de mesure, leur a échappé complétement.

Un très-petit nombre de voyageurs, et parmi eux je n'en
trouve pas de plus ancien que lord Egmont, en 1709,
ont heureusement déclaré que les murs étaient formés
de cinq couches ; et il en est bien ainsi, cinq couches
nettement marquées, ni plus, ni moins. La dernière
chose que le voyageur, convenablement exercé, voit
devant lui dans l'antéchambre, avant de se baisser pour
traverser le couloir final de granit, de 100,5 pouces de
long, et entrer ainsi dans la Chambre du Roi, c'est
le grand symbole d'une division en cinq, s'étendant du
sommet jusqu'au bas du mur méridional de cette antéchambre.

Alors, si avec cette idée dans son esprit, le voyageur entre dans la Chambre du Roi, et se demande *ce* qui est divisé en cinq, surtout parce que cinq est le plus pyramidal de tous les nombres de la grande Pyramide ? Les murs de la Chambre du Roi lui répondent immédiatement : c'est nous qui sommes divisés en cinq ; car les murs du nord, du sud, de l'est et de l'ouest, tous et chacun, sont composés de cinq couches symétriques, et de la même hauteur sur chaque mur, quelle que soit la longueur des pierres composant les couches. Pour rendre la chose encore plus certaine, j'ai mesuré la hauteur *totale* de la chambre égale à 230 pouces, ainsi que la hauteur de chaque couche de granit du mur :

1° Hauteur de la 1re couche, à partir du sol 42 pouces
2°   »   2e   » de la 1re 47   »
3°   »   3e   » de la 2e 47   »
4°   »   4e   » de la 3e 47   »
5°   »   5e   » de la 4e 47   »

Total = 230 pouces.

Mais pourquoi la première couche a-t-elle 5 pouces de moins que les autres ? Au fond cette différence est plus apparente que réelle ; ou plutôt la chambre a réellement reçu dans un but symbolique, deux hauteurs distinctes ; car, en examinant bien, j'ai trouvé que les blocs de granit qui forment cette couche dans les quatre murs ont réellement 47 pouces de haut tout comme les autres ; s'ils semblent n'en avoir que 42, pour le commun des observateurs, c'est que le parquet de la chambre est élevé de 5 pouces au-dessus de leur niveau inférieur.

A présent, je me contenterai de rappeler que 5 pouces est une quantité pyramidale ; une quantité terrestre aussi, puisque c'est une partie aliquote exacte de l'axe de rotation de la terre exprimée par $1 : 10^8$; et que la hauteur totale de la grande Pyramide se trouve être la hauteur des murs de cette chambre, deux fois multipliée par 5, avec additions ou soustraction des 5 pouces. Mais nous allons voir se produire d'autres conséquences, beaucoup plus exactes.

Le nombre des couches des murs est donc incontestablement de 5. Le nombre des pierres qui les composent, sans être aussi exactement déterminé, semble être d'après les seules mesures prises jusqu'ici, 100 ; et la forme de la chambre, quoique n'étant pas exactement un double cube, porte cependant des caractères évidents de duplicité, la longueur étant exactement le double de la largeur ; car, d'après toutes mes mesures, la longueur est égale à 412,2 pouces pyramidaux, et la largeur à 206,1. La hauteur est moins certaine, par suite de l'état actuel de délabrement des dalles de granit formant le parquet (dont beaucoup sont redressées, comme s'il y avait eu un tremblement de terre); elle va de 229,0 à 230,6 ; elle est égale probablement, d'après certaines considérations théoriques, à 230,42.

Nous avons déjà constaté deux très-remarquables caractères de duplicité de disposition dans le volume de la capacité du coffre de cette chambre ; mais c'est plus encore dans la chambre elle-même. Par exemple, divisez la longueur, la largeur et la hauteur de la chambre par la demi-largeur, ou 103,05 pouces pyramidaux, et élevez les quotients au carré ; alors, ainsi que l'a découvert le premier M. James Simpson d'Edimbourg, en 1872, d'après mes observations indépendamment recueillies en 1865,

La longueur	=	16
La largeur	=	4
Et la hauteur	=	5

dont la somme est 25, c'est-à-dire un nombre essentiellement pyramidal.

Appliquons le même procédé aux diagonales des extrémités, du parquet et des côtés, qui sont respectivement 309,14, 460,84 et 472,22.

Nous aurons pour les extrémités $= 9$
— le parquet $= 20$
— le côté $= 21$

dont la somme, 50, est un autre nombre pyramidal, le double du premier.

Traitons encore de la même façon la diagonale solide de 515,24; nous trouvons immédiatement 25.

Si nous ajoutons les sommes des carrés de toutes les sept dimensions, divisées par cette longueur typique de 103,05 pouces pyramidaux, ou la demi-largeur de la chambre, nous trouvons $25 + 50 + 25 = 100$, précisément le nombre des pierres qui composent les murs de la chambre.

Maintenant que les égyptologues viennent dire que toutes ces combinaisons sont le résultat de la grossière ignorance des constructeurs, et qu'elles ne sont d'aucune importance, — libre à eux ! Mais je crois que mes lecteurs continueront le cours de nos recherches avec autant de calme et d'inaltérabilité d'esprit que si jamais égyptologue n'avait existé dans cette période agitée du monde humain.

Le même jeune pyramidiste que nous venons de mentionner, M. James Simpson, a écrit également que si vous calculez le volume de la capacité de la Chambre du Roi, en faisant usage alors des 5 pouces additionnels de la couche inférieure vous obtiendrez $412,2 \times 206,1 \times 235,42 = 19\,999\,969$; « ou pratiquement et incon-
« testablement 20 millions de pouces pyramidaux! Beau
« nombre ayant ce double aspect commun avec d'au-
« tres traits caractéristiques de la chambre de 2 fois 25 ;»
« (on peut en effet la considérer) deux chambres, carrées
« sur un même plan et juxtaposées, ayant chacune une
« capacité de 10 000 000 de pouces cubes; c'est bien
« là le 10^7, rapport de la coudée de 25 pouces au rayon
« polaire de la terre. »

Ici se présente une idée éminemment significative.

Cette chambre se trouvant en effet sur la cinquantième couche de maçonnerie de toute la pyramide, peut très-bien être considérée comme symbolisant une longueur de 50 pouces, si la Chambre de la Reine, sur la vingt-cinquième couche, se trouve symboliser actuellement une longueur de 25 pouces. Mais dans ce cas, comment le volume de capacité se rapporterait-il pour *une* coudée, avec le nombre trouvé dans la Chambre du Roi pour deux ?

De la manière la plus satisfaisante. En effet, ainsi que le montre M. Simpson, la multiplication successive de la longueur, de la largeur et de la hauteur moyenne de la la Chambre de la Reine (telles qu'elles sont évaluées dans *Vie et Travaux*, vol. III, p. 64), donne, en pouces pyramidaux, $226,47 \times 205,6 \times 213,4 = 9{,}936{,}380$, nombre très-approché, si nous considérons les incertitudes inhérentes aux mesures de la chambre, du chiffre de 10 millions auquel nous étions amenés à nous attendre. En même temps, si nous éliminons les incrustations salines, la largeur pourrait être considérée comme originairement égale à celle de la Chambre du Roi dont cette dimension est actuellement si rapprochée, et la longueur et la largeur proportionnellement plus grandes ; alors,

$206{,}1 \times 227{,}07 \times 213{,}9 = 10\ 010\ 333$, — ou bien, si les mesures étaient prises en nombres entiers de pouces pyramidaux $206 \times 227 \times 214 = 10{,}007{,}068$; ou, finalement, en prenant pour la Chambre de la Reine, une construction théorique, semblable, en principe, à celle dont ont a constaté l'existence dans la Chambre du Roi, et qui concorde parfaitement avec les mesures observées, alors en même temps que les sommes des carrés de la hauteur, de la largeur et de la longueur divisées par la demi-largeur typique de $103{,}05$ pouces pyramidaux $=$ 15 ; des diagonales des extrémités, des côtés et du parquet $= 30$ et des diagonales solides $= 15$, — le volume de capacité se trouve être $= 9{,}962{,}329$ pouces pyramidaux, quantité à laquelle il faut probablement ajouter une petite quantité additionnelle pour la capacité de la niche.

On ne saurait douter alors qu'un même principe radical de dimension exprimable en pouces pyramidaux préside à la construction des deux chambres et à la maçonnerie tout entière de la pyramide, de sorte que, depuis sa base jusqu'au niveau de la Chambre du Roi, il y a une symbolisation en pouces pyramidaux d'une longueur égale à deux coudées pyramidales, ou 50 pouces pyramidaux, ou la dix-millionième partie de l'axe de la terre.

Mais quel est l'objet, quelle est la signification de cette symbolisation?

IIIe PARTIE.

Poids et mesures de la grande Pyramide.

Le coffre est naturellement le joyau contenu dans la Chambre du Roi ; et, bien qu'il soit mobile et de hauteur à pouvoir en sortir par la porte, au moins dans son état actuel, privé de couvercle, bien que les sarcophages de quelques autres pyramides aient été enlevés par des modernes, comme celui de la troisième Pyramide par le colonel H. Vyse, perdu ensuite en mer dans son transport en Angleterre, chose étonnante à dire, jamais personne n'a songé, il me semble, à enlever le coffre de la grande Pyramide. Et cependant, si l'on vient à trouver un jour qu'il s'y attache une grande importance, les générations à venir pourront réclamer des preuves sensibles à leurs yeux que le coffre qui est maintenant dans le Chambre du Roi, est le véritable et l'original, pour lequel et la Chambre du Roi et la grande Pyramide ont été bâties à une époque antérieure au temps d'Abraham.

En réalité, qu'y a-t-il de plus aisé que de répondre à une question aussi raisonnable *à propos d'un semblable monument?*

L'idée dominante que l'architecte a voulu graver dans tous les esprits, quand ils viendraient à entrer dans la

Chambre du Roi, où règne le système de division par 5. Divisons donc la largeur de la chambre, 206,1 pouces pyramidaux, par 5 ; nous avons 41,22 ou la hauteur du coffre, ce qui s'accorde, à un centième de pouce près, avec mes mesures (1) ; et, de plus, le carré de cette hauteur est la cinquantième partie de la surface du parquet ; en effet :

$$41,22^2 = \frac{412,2 \times 206,1}{50} \text{ exactement.}$$

Allons plus loin encore. Le volume intérieur ou la capacité du coffre, 71,250 pouces pyramidaux, est, avec une approximation qu'on ne peut pas espérer d'atteindre quand il s'agit de semblables mesures, la cinquantième partie du volume cubique de l'assise la plus base de la chambre du Roi, après qu'on en a retranché les cinq pouces symboliques :

$$\frac{412,2 \times 206,1 \times 41,9}{50} = \frac{3,558,590}{50} = 71,192 ;$$

Ou bien en prenant les dimensions en nombres ronds de pouces pyramidaux :

$$\frac{412 \times 206 \times 42}{50} = \frac{3,564,624}{50} = 71,292$$

Si donc, prenant pour volume de la vaste couche du parquet 3,562,500 pouces cubes, et le divisant par 5, suivant la règle adoptée pour cette chambre, nous nous demandons ce que pourra signifier ce cinquième, 712,500 pouces pyramidaux, nous serons forcés de dire que c'est bien exactement le volume cubique de 50 coffres. Mais nous pouvons aussi nous demander pour-

____

(1) Le nombre inscrit dans le tableau des mesures, est le chiffre original de 41,23 réduit à 41,13, pour compenser la cavité supposée de la surface du fond, dans le calcul du volume ou de la capacité. La hauteur du relief qui se manifeste de lui-même au-dessus du parquet est non pas 41,13, mais 41,23, ou 41,22.

quoi le volume du coffre est exactement de 71,250 pouces, ni plus ni moins. La seule réponse sérieuse est que l'étalon ou l'unité de volume et de poids, dans un système de métrologie où l'étalon de mesure linéaire est une partie aliquote de la dimension linéaire principale du globe terrestre, doit être lui-même en rapport très-simple avec le volume et le poids de la terre. L'élément linéaire principal de la terre, est évidemment son demi-axe polaire, la moitié du diamètre ou axe de rotation du globe terrestre, et la coudée, unité de mesure linéaire du système pyramidal, est exactement la dix-millionième partie de ce demi-axe polaire. L'unité de volume devra donc être dans un rapport simple avec le cube de cette coudée égale à 25 pouces ou avec le double de la coudée égale à 50 pouces. Or on a $50^3 = 125,000$; et multipliant ce chiffre par la densité moyenne de la terre 5,7, nous retrouvons $125,000 \times 5,7 = 712,500$, c'est-à-dire que nous retrouvons exactement le volume cube de la cinquième partie de l'assise inférieure de la chambre du Roi, appelée déjà la chambre aux divisions par 5, ou 10 fois le volume du coffre (1).

A ce point de vue, et considéré comme étalon de mesure des volumes ou capacités et des poids, le coffre, comparable à la tonne avoir-du-poids, se trouve être très-proportionné aux besoins, à la taille, à la force de l'homme ; et il est de plus en rapport commensurable très-simple avec le volume et le poids de la terre entière.

---

(1) Nous retrouvons ainsi dans la grande Pyramide la densité moyenne de la terre, comme nous y avons trouvé la distance du centre de la terre au soleil, et toutes deux avec une approximation bien supérieure à celle qu'aurait pu nous donner la science la plus avancée. Nous avons, en effet, deux mesures récentes de la densité de la terre, l'une 6,565, déduite des observations de M. Airy, l'autre 5,16, obtenue par les officiers du corps royal d'état-major, et la moyenne 5,7, diffère très-peu du chiffre 5,67, auquel M. Francis Baily a été conduit par ses nombreuses applications de la méthode de Cavendish.

Si pour l'application aux besoins pratiques, nous subdivisons cette unité, nous verrons surgir de nouvelles relations ou analogies de la grande Pyramide très-dignes d'intérêt.

Supposons le coffre plein d'eau, ou contenant 71,250 pouces cubes pyramidaux d'eau à une température de 68 degrés Farenheit et sous une pression de 30 pouces ; et appelons *tonne* ce poids que nous prendrons pour unité de mesure, subdivisons-le en 2,500 parties et appelons pinte cette fraction du volume, *livre* cette fraction du poids de l'unité ou tonne. Alors une pinte pyramidale, égale au quotient de 71,250 par 2,500, sera égale à 28,5 pouces cubes pyramidaux ; et la livre-poids pyramidale sera le poids de ces 28,5 pouces cubes d'eau. Si ces 28,5 pouces cubes étaient d'une autre matière égale en densité à la densité moyenne de la terre, leur poids serait égal à 5,7 ; et comme 5,7 est exactement le cinquième de 28,5, il en résulte, pour la mesure du poids d'un corps quelconque dans le système pyramidal, une règle très-simple qu'on peut formuler comme il suit : Après avoir déterminé le nombre de pouces cubes du corps à peser, divisez ce nombre par 5 ; le résultat sera le poids cherché en livres pyramidales, *si la densité du corps est la densité moyenne du globe terrestre tout entier.* Si le corps a une autre densité, il faudra recourir à la table des poids spécifiques, comme on le fait dans tout autre système de poids et mesures, quand la densité du corps à peser n'est pas celle de la substance prise pour unité. La substance prise pour unité dans le système pyramidal étant une substance ayant pour densité la densité moyenne de la terre, elle a cet avantage que sa densité est une moyenne entre celle des matériaux que l'homme emploie dans la construction de ses monuments les plus grandioses, les pierres et les métaux.

Une autre caractère très-remarquable et très-intéressant de la livre-poids pyramidale est de différer très-peu des livres poids en usage de temps immémorial chez presque toutes les nations européennes, les Allemands, les Scandinaves, les Anglais et les Espagnols ; en même temps que l'édifice monumental d'où elle dérive, se recommande lui-même dans le système de mesures qu'il fournit par ce caractère unique et admirable, que sa masse entière est dans un rapport commensurable, nettement défini et très-simple, avec la masse entière de la terre. La masse de la pyramide est en effet à la masse de la terre comme $1 : 10^{3 \times 5}$, rapport d'autant plus simple que 10, 3 et 5 sont des nombres essentiellement pyramidaux.

IVe PARTIE.

Poids spécifique et absolu de la grande Pyramide.

Le rapport commensurable simple de la masse de la Pyramide avec la masse de la terre n'est pas seulement un fait très-important en lui-même et d'une portée mystérieuse, puisqu'il exigeait, dans les matériaux de construction de la grande Pyramide, dont les dimensions et par conséquent le volume étaient déterminés à l'avance, par des relations non moins étonnantes avec d'autres éléments du système du monde, un poids spécifique déterminé et qui a exigé des recherches particulières. Ce rapport commensurable, en outre, a l'avantage de se prêter pour la mesure des grands poids à une méthode pratique d'une simplicité merveilleuse, qui consiste à évaluer le volume non en pouces, mais en coudées, puis à les convertir en tonnes ou coffres par l'addition d'un quart. Je crois utile de donner un exemple de l'emploi de cette méthode, en l'appliquant à la mesure du poids de la grande Pyramide.

POIDS DE LA GRANDE PYRAMIDE.

Éléments linéaires.

		Coudées pyramida'es
Hauteur verticale de la grande Pyramide..	=	232,52
» de la face inclinée.............	=	295,72
Côté de la base carrée........	=	365,24
Épaisseur transversale de l'ancien revête-ment de pierre..........	=	4 »

Éléments physiques.

Poids spécifique de la pierre de revêtement.	=	0,367
» » du calcaire nummulitique ou pierre à bâtir généralement employée pour la pyramide...............	=	0,412
Poids spécifique ou densité moyenne de la terre entière..................... ..	=	1,000

Dimensions cubiques.

Coudées cubiques pyramidales conte-nues dans toute la pyramide.......	=	10 339 850
Retranchons pour les espaces vides de la grande galerie, etc..............	=	5 250
Retranchons pour la couche de revête-ment en pierre dont la poids spé-cifique est de 0,367.............. ·...	=	861 952
		9 472 648

Poids résultants.

Tonnes pyramidales.

$$(861\,952 \times 0\,367) + \frac{1}{4} \quad = \quad 395\,420$$

$$(9\,472\,648 \times 0\,412) + \frac{1}{4} \quad = \quad 4\,878\,414$$

Poids total primitif de la grande Pyramide $=$ 5 273 834

Poids de la terre.

Diamètre équatorial moyen = 20 066 170 coudées pyramid.
Diamètre polaire .. .. = 20 000 000   —
Volume = 4 216 830 000 000 000 000 000 coudées cubiques pyramidales.
Poids après addition d'un quart =
  = 5 271 000 000 000 000 000 000 tonnes pyramidales

En négligeant la petite et incertaine différence dans le quatrième chiffre et faisant à la figure de la terre les corrections de M. William Petrie, nous avons :

$$\frac{\text{Poids de la terre en tonnes pyramidales}}{\text{Poids de la Pyramide en tonnes pyramidales}} =$$

$$= \frac{5\,272\,000\,000\,000\,000\,000\,000}{5\,274\,000} = 10^{15} = 10^{5 \times 3}$$

XIII

Astronomie de la grande Pyramide.

Ire PARTIE.

L'Astronomie égyptienne diffère totalement de l'Astronomie de la grande Pyramide.

Pour faire mieux ressortir le degré d'importance que prend l'astronomie de la grande Pyramide en raison de son excellence admirable, nous dirons même prodigieuse, nous devrions peut être faire précéder son étude d'un aperçu de la pratique de cette science telle que l'avait faite l'art humain, l'invention humaine, dans les autres contrées, à cette même époque, et aussi dans les âges immédiatement antérieurs ou postérieurs, si tant est qu'on en trouve des traces. Cette recherche ne nous arrêterait pas long-temps, car ces âges reculés ne nous ont laissé en dehors de l'Egypte aucun monument astronomique. Si nous consultions même les hommes qui ont naturellement pour mission de conserver les souvenirs du passé, les égyptologues, nous les verrions acharnés à se plaindre de la pauvreté et de la *superficialité* de la science astronomique de l'ancienne Egypte.

Par exemple, un homme d'une science profonde, M. Brugsch, écrit dans son *histoire de l'Égypte* : «L'astro-
« nomie n'était pas chez eux (les Égyptiens) cette science
« mathématique qui calcule les mouvements des étoiles,
« en construisant le grand système qui compose la
« sphère céleste. C'était plutôt une collection de notices
« des phénomènes qui se reproduisent périodiquement
« dans le ciel d'Égypte, et dont les rapports mutuels
« ne pouvaient longtemps échapper aux yeux des prêtres
« qui observaient les constellations pendant les claires
« nuits égyptiennes. Cette connaissance astronomique
« était fondée sur une base empirique, et non sur celle
« de l'observation mathématique. »

En même temps un autre grand écrivain déclare que :
« la science de l'Égypte, tout comme l'opulence et le
« pouvoir de la Perse, a été constatée par les Grecs
« (qui n'avaient pas fait de grands progrès eux-même
« sous ce rapport) comme à peu près nulle, à l'époque
« où elle commença à devenir le sujet d'étude d'une
« science réelle et de l'observation. »

Nous savons par tous les écrivains qui ont traité de l'Egypte que les prêtres égyptiens, dans leur astronomie, faisaient jouer un très-grand rôle à l'étoile Soth, Sothis, Siriad ou Sirius, étoile du Chien, autour de laquelle tournait en quelque sorte leur science du ciel, ce qui même a fait que l'Egypte elle-même a longtemps porté le nom de pays sothique ou siriadique. Ce fut au moyen des observations faites par les prêtres des levers et des

couchers héliaques de cette étoile, qu'on détermina la
période célèbre appelée sothique ou sothiaque, dont la
durée était de de 1,461 ans, et pendant laquelle la différence entre l'année vague de 365 jours et l'année vraie
de 365 j. 242, faisait revenir le commencement de l'année au même point du zodiaque, après lui avoir fait par-
conrir toutes les saisons et tous les mois. Cette période
cependant aurait pu se déduire aussi bien, et même en
général beaucoup mieux, de l'observation des levers et
des couchers héliaques de toute autre étoile du
zodiaque, parce que Sirius alors était à sa plus grande
élongation vers le sud, et qu'en raison de son mouvement propre et anormal, il subit plus que toute autre
étoile du ciel, des variations de position très-sensibles.

Il y a plus, la connaissance de ce cycle de 1,461 ans,
n'est apparue que fort tard dans l'histoire de l'Egypte
ancienne, et elle semble n'avoir été employée, dans
les écrits publics comme dans les monuments, que
dans un but de chronologie ou pour faciliter la
recherche de la date des événements peu reculés.
Ce qui n'empêche pas qu'un égyptologue français vivant
n'ait pas hésité à écrire dans une lettre où il combat
énergiquement la nouvelle théorie scientifique de la
grande Pyramide, et se pose en représentant de toute
la science égyptologique, que la chronologie égyptienne n'existe pas :

« On ne peut déduire *des documents hiéroglyphiques*,
« pour les Pyramides, ni la date de 1,900 ans avant
« Jésus-Christ, ni aucune autre. M. de Rougé l'a prouvé
« dans son cours de 1865 en ma présence (M. Robiou),
« et j'ai, d'après son désir, publié une partie de ce cours
« dans la *Revue de l'Instruction publique* (1865-1867).
« Il a prouvé que pour aucun fait antérieur à l'expulsion
« des pasteurs, nous ne pouvons obtenir de date absolue,
« même *approximativement*. Nous ne pouvons avoir que
« les dates relatives. »

C'est le dernier mot de la science des égyptologues,

et ce mot est un véritable suicide. Cette impossibilité heureusement n'existe pas, et nous prouverons tout à l'heure de la manière la plus précise qu'au moins pour la grande Pyramide il existe un système propre et complet de chronologie absolue.

Nous disons pour la grande Pyramide, car nous admettons, nous aussi, que pour tous les autres monuments ou documents de l'ancienne Égypte, il n'est aucun moyen de fixer la date exacte de leur érection ou de leur origine. Et cependant la fixation de la date absolue aurait été, dans l'ordre naturel, le plus excellent usage que les Egyptiens de ces temps primitifs auraient pu faire de leur science astronomique, si tant est qu'ils l'eussent possédée. C'est ainsi seulement qu'ils auraient pu donner au souvenir des faits de l'humanité un caractère de vérité historique et d'exactitude parfaite. Mais les premiers habitants de la vieille terre sothique ou siriade, ne nous ont rien légué de semblable. Il faut descendre et descendre encore à travers la période nébuleuse qui couvre l'origine et les premiers âges de l'Égypte, traverser la durée indéfinie de son indépendance pharaonique, les longues années de son esclavage, l'épisode de son asservissement par les Ptolémées Macédoniens, pour arriver au premier essai de son histoire tenté par Manéthon ; et attendre ensuite que le chef de l'École astronomique d'Alexandrie ait conquis la base indispensable de tout système de chronologie fondé sur l'observation des étoiles, par sa découverte mémorable de la précession des équinoxes. Il résulte, en effet, du phénomène de la Précession, un mouvement lent, un déplacement d'abord insensible mais qui devient de plus en plus considérable avec le temps, des positions de toutes les étoiles, dont la connaissance approfondie est la condition nécessaire de l'application qu'on pourrait essayer de faire de l'astronomie exacte à la détermination de la chronologie ou de la succession des événements pendant une longue période de temps.

Or c'est à Hipparque, en l'an 125 avant Jésus-Christ, par la comparaison de ses observations avec celles de Timocharis et d'Arystillus, Grecs comme lui, mais qui l'avaient précédé de cent soixante-dix-huit ans, que revient l'honneur d'avoir découvert le premier la précession des équinoxes. C'est à Hipparque, en effet, que cette grande découverte est généralement attribuée. La première détermination du temps employé par le soleil pour parcourir le cercle entier de l'écliptique date de lui. Les astronomes de tous les pays n'ont fait ensuite que calculer des valeurs de plus en plus rapprochées de cette donnée fondamentale, sans être arrivés encore à une vérité absolue.

A l'époque de la fondation de la grande Pyramide, ou plus de deux mille ans avant la grande découverte d'Hipparque, on ne savait absolument rien, dans le monde païen ou le monde placé en dehors des traditions patriarcales, de ce grand fait stellaire et chronologique du mouvement périodique des astres. L'ignorance sur ce point était universelle, et l'on pourrait dire que cette ignorance était plus profonde encore en Egypte, surtout chez les Egyptiens pur sang, dont l'esprit était incapable de suivre la série des raisonnements par lesquels les Grecs, ayant pour guide le plus grand astronome praticien que leur pays ait jamais produit, même jusqu'à ces derniers temps, étaient arrivés, comme fait d'observation, à la découverte de la précession ; dont Newton, dans les temps modernes, devait nous révéler l'origine et la cause, en formulant les lois de la mécanique céleste.

Voici cependant que l'astronomie de la grande Pyramide, telle qu'elle se révèle elle-même dans les conditions essentielles d'existence du vieux monument, met au grand jour une connaissance intime de cette même précession des équinoxes, et, de plus, l'adaptation de ce grand phénomène à un système complet de chronologie absolue. D'où il résulte entre la science des constructeurs de la grande Pyramide et la science toute sothiaque des prêtres égyptiens, à cette même époque et dans le

temps postérieurs, une antithèse profonde et vraiment
extraordinaire. La grande Pyramide, en effet, sépare
de toutes les autres, et particularise ou caractérise, d'une
manière très-précise et très-frappante, des étoiles tout
à fait étrangères à l'étoile unique des Pharaons, Sothis,
le Chien, ou Sirius; et les fixe ou les spécifie par une
méthode très-différente de la méthode par trop inexacte
des levers et des couchers.

Le procédé de spécification et de fixation pratiqué
dans la grande Pyramide diffère plus encore du procédé
ancien, qui consistait à noter d'une manière continue les
levers et les couchers héliaques de Sirius, tout en perfec-
tionnant, peut-être, les moyens d'observation, par un
caractère de soudaineté; en ce sens que tout ce qui fut
observé dans la grande Pyramide, si tant est qu'on y ait
fait des observations, ne fut observé qu'une fois, pour
entrer en possession immédiate des données fondamentales dont ce monument unique au monde devait matérialiser et immortaliser le souvenir, par une particularité de construction instantanée et d'une exactitude
extrême. Aussi, et quoi que nous puissions dire des merveilles de l'astronomie transcendante de ce monument
colossal, qu'on se garde bien de penser que l'architecte
ait voulu le constituer à l'état d'observatoire permanent,
où l'on aurait fait des séries d'observations de chaque
jour, d'année en année. La chambre qu'on a cru réservée aux observations aurait été très-mal appropriée à
cet usage, et aujourd'hui même il serait impossible de
lui donner cette destination. Et d'ailleurs le couloir
d'entrée était à peine terminé, qu'on le remplissait jusqu'à la gueule de pierres très solides, et qu'on le dérobait
aux regards par la couche épaisse du revêtement qui
couvrait toute la Pyramide. Quant aux flancs ou aux
faces de l'édifice, elles ne peuvent non plus servir à
aucune observation exacte.

Les arêtes, il est vrai, de la base carrée sont parfaitement orientées; et les égyptologues modernes ont parlé

d'observer les équinoxes de printemps et d'automne en regardant le long des faces inclinées. Ces messieurs ont même fait quelques observations d'essai rendues en apparence plus faciles par l'état actuel de l'édifice, c'est-à-dire par l'absence du revêtement en pierres bien équarries et bien polies ; en effet, les bords ou arêtes des couches horizontales de maçonnerie, avec leurs escarpements verticaux, fournissent, au moins sur la face nord, à toutes les hauteurs qu'on voudra choisir, au-dessus des amas de débris qui obstruent le sol, des lignes ou des surfaces de niveau, le long desquelles l'œil peut viser, pour observer le lever ou le coucher du soleil, au 21 mars ou au 21 septembre. Mais ces essais d'astronomie en plein vent ont prouvé qu'on ne pourrait déterminer ainsi le moment où le soleil traverse l'équateur qu'avec une approximation très-grossière de vingt-neuf à trente heures. Au temps des anciens Egyptiens, répétons-le, l'astronome en plein vent aurait bien plus mal observé encore ; car alors, la surface en pente très-régulière et merveilleusement polie ne lui aurait présenté aucune ligne de niveau pour guider son regard incertain ; et quoique les bords du soubassement, alors intacts, visibles et bien horizontaux, lui offrissent les lignes de niveau que lui refusaient les faces inclinées polies, ces lignes de niveau étaient beaucoup trop basses pour servir à l'observation du ciel que cachent au regard les collines de l'ouest. En outre, les décombres, le sable, la poussière, en s'accumulant de plus en plus, surtout vers le milieu des faces de la Pyramide, de manière à former des monticules arrondis, tendent à donner aux faces inclinées une courbure de plus en plus prononcée, et à enlever à l'œil les lignes de niveau qui servaient d'abord à le diriger. C'est ce que j'ai constaté moi-même dans mes tentatives d'observations de ce genre et ce qui m'a forcé de recourir à des méthodes beaucoup plus laborieuses pour obtenir des résultats de quelque exactitude.

IIe PARTIE.

Astronomie commémorative et les étoiles de la grande Pyramide.

L'astronomie véritable de la grande Pyramide n'avait à redouter aucun des inconvénients que je viens d'énumérer, d'autant plus qu'elle se trouvait principalement confinée dans les couloirs intérieurs du grand édifice ; couloirs tracés et protégés avec un soin admirable, qu'aucune des dégradations de l'extérieur n'aurait pu atteindre, que le sable ne pouvait pas envahir, d'où le regard et la vision n'étaient ni gênés par les collines, ni troublés par les vapeurs de l'horizon ou les réfractions extraordinaires; d'autant plus que cette astronomie commémorative semble s'être concentrée sur les quelques points suivants :

Le couloir ou passage d'entrée dans l'édifice a son ouverture sur la face septentrionale, à une hauteur considérable, près de 50 pieds au-dessus du sol. Il descend et s'enfonce sous un angle de 26° 27', se dirigeant vers le sud, toujours exactement dans le plan du méridien (1), sauf la très-petite erreur d'orientation, 5 minutes environ, que mes observations de l'étoile polaire ont mise en évidence. Si, du fond de ce couloir, vous regardez en haut vers son extrémité ou ouverture antérieure, toutes les étoiles que l'œil aperçoit sont au méridien ou tout près du méridien, absolument comme si on les voyait dans la lunette des passages, ou dans la lunette des cercles méridiens de l'astronomie moderne, et à leur maximum de distance de leurs levers ou de leurs couchers.

____

(1) .Ce plan vertical n'est pas au milieu de l'édifice, mais à 280 pouces vers l'est; il est d'ailleurs rigoureusement parallèle aux faces est et ouest de la base carrée.

Mais quelles sont les étoiles que nous voyons du couloir de la grande Pyramide ? Invité, en 1839, par le colonel Howard Vyse, à donner son opinion sur le fait affirmé et récemment publié par deux officiers de marine, qu'en regardant la nuit le long du couloir d'entrée de la grande Pyramide vers le pôle nord, ils avaient vu α de la Petite-Ourse ou l'étoile polaire actuelle, d'où ils concluaient que sans doute le couloir avait été originairement construit pour observer cette étoile, notre illustre et si excellent astronome, sir John Herschell, dont la mort a excité tant de regrets, fit immédiatement remarquer que si α de la Petite-Ourse était actuellement visible pour un observateur placé au fond du couloir d'entrée, cette étoile, évidemment, et par cette raison même, ne pouvait pas être visible de ce même point au temps de la fondation de la grande Pyramide ; puisqu'en vertu du mouvement commun de la précession des équinoxes, elle avait dû parcourir depuis cette époque une distance angulaire d'au moins 28°.

Pour pouvoir conclure qu'une étoile distante de 28° fût devenue l'étoile polaire en vertu d'un mouvement général qui a pour effet particulier sur cette étoile un déplacement de $52'' 2 + x$, sir John Herschell devait admettre que la grande Pyramide devait dater d'environ quatre mille ans. Remontant alors quatre mille ans en arrière, il trouva que l'étoile α du Dragon, aujourd'hui à 25° environ du pôle, n'en était alors éloignée que de 3° 20', de sorte que, quand elle venait à passer au méridien, vers l'an 2161 avant Jésus-Christ, elle devait être exactement dans l'axe du couloir d'entrée. Sir John Herschell s'assura, en outre, qu'à cette époque l'étoile α du Dragon était la seule étoile remarquable de cette région du ciel. Herschell donc, au temps de ses recherches, assignait à la grande Pyramide quatre mille ans d'existence.

C'était enfin, et pour la première fois, une date absolue fournie par un monument de l'Egypte, mais non de l'Egypte pharaonique ou égyptologique. Et comme ce monument, de l'aveu de tous, est relativement le monument d'architecture le plus ancien, sa date astronomique et absolue renferme dans ses limites chronologiques assez étroites, en dépit des égyptologues modernes et des nouveaux adeptes des cultes idolâtres de l'ancien monde, la série entière de l'histoire profane de l'Egypte, aussi bien que l'histoire d'Assyrie, ou de toute autre histoire de la vie et des œuvres de l'humanité.

D'immenses remercîments sont donc dus à sir John Herschell pour cet éclair de génie qui l'a conduit à un résultat si précieux ; si tant est que ce soit une conquête réelle, car son succès était dû en très-grande partie à l'impression préconçue sous laquelle il était, que la date de la fondation de la Pyramide remontait environ à quatre mille ans.

Mais d'où lui venait cette impression ? Elle ne lui venait pas des égyptologues influents, car ce n'est pas, ou, du moins, ce n'était pas alors, leur opinion. Les Bunsen, les Lepsius, les Mariette, les Renan, et beaucoup d'autres assignent à la grande Pyramide cinq mille, six mille et même sept mille ans d'existence, tandis qu'un petit groupe d'écrivains littéraires ou classiques, plutôt qu'égyptologues, s'efforçait de réduire ce nombre à trois mille cinq cents ou même à trois mille ans. Mais, au moment où sir John Herschell écrivait, le monde croyait entendre encore la parole fameuse du plus grand capitaine des temps modernes :

> Soldats, du haut de ces Pyramides quarante siècles vous contemplent.

Où et comment, à son tour, le jeune Napoléon avait-il rencontré ce chiffre mystérieux de quarante siècles, et l'assignait-il, de préférence à tout autre, pour date véritable, dans sa mémorable allocution, à la construction des Pyramides, dont la grande Pyramide a été le chef de file et le type ? Le secret de cette divination nous échappe, comme aussi le secret de ces élans sublimes qui, dans tant de circonstances, lui ont fait atteindre d'un seul bond la vérité cachée, et marcher de victoire en victoire, alors que toutes les nations étaient conjurées contre lui. Emerveillé de sa vue puissante et de l'étonnante confirmation que sa parole inspirée a reçue, je constate, non sans quelque regret, que, de nos jours, l'autorité de Napoléon a beaucoup perdu de son prestige, au moins dans le monde des égyptologues. En effet, et bien que les grands maîtres dans la science des hiéroglyphes, M. de Rougé et autres, proclament hautement que leurs recherches ne pouvaient leur donner aucune date positive, ses compatriotes cependant réclament si bruyamment pour la construction des Pyramides une date tellement antérieure à quatre mille ans, qu'il faut se résoudre à voir quelque chose de plus qu'une simple coïncidence fortuite entre les quatre mille ans de Napoléon Bonaparte et les quatre mille ans de sir John Herschell. Ces quatre mille ans sont tout ce que nous a légué le grand astronome : heureusement que la grande Pyramide elle-même nous indique immédiatement la ligne à suivre pour arriver à d'autres découvertes.

Pourquoi, par exemple, si la date désirée de la construction devait être monumentalisée, en nous montrant dans le plan méridien la distance polaire particulière de l'étoile α du Dragon, l'architecte a-t-il préféré le passage au-dessous du pôle au passage au-dessus du pôle? Il y a juste autant de passages au-dessus qu'au-dessous du pôle, dans le cours d'une année; et le passage au-dessus du pôle est le plus brillant et le plus visible des deux. Comment donc expliquer que l'architecte ait choisi le moins facilement observable (1)?

(1) Dans la latitude 30° de la grande Pyramide, pour une étoile dont la distance au pôle nord est de 3° 40, la hauteur méridienne au-dessus du pôle est de 33° 40, au-dessous du pôle de 26° 20, sauf de petites corrections.

Cette question n'a pas été posée astronomiquement par sir John Herchell; et, que je sache, elle ne l'avait été par personne avant moi, et très-probablement elle ne l'aurait pas été non plus par moi, si ma longue expérience acquise dans les mesures précises des éléments de la grande Pyramide ne m'avait pas donné la conviction profonde qu'il n'est aucune des particularités de sa construction qui n'ait sa raison d'être. Aussi à peine avais-je abordé le problème, qu'il me parut certain qu'à *deux* dates totalement différentes dans les temps primitifs du monde, l'étoile particulière α du Dragon s'était trouvée à 3° 40' du pôle. Or sir John Herschell n'a considéré qu'une seule de ces dates, celle de 2161 ans av. J -C. et elle lui a suffi pour en conclure la date de la fondation du monument.

La seconde date à laquelle, en vertu de la précession des équinoxes, ou de ce mouvement insensible par lequel les points équinoxiaux se déplacent sur l'écliptique, l'étoile α du Dragon s'était rapprochée à 3°40' du pôle, et qui avait été aussi signalée par ses culminations ou passages au méridien supérieur ou inférieur, est 3400 ans avant J.-C.

Laquelle de ces deux époques, 3400 ou 2161 av. J.-C., la grande Pyramide a-t-elle eu pour objet de monumentaliser, comme la date de sa fondation?

Les paragraphes qui suivent contiennent explicitement ou implicitement la réponse à cette question importante.

1° En vertu du mouvement précessionnel, l'étoile α du Dragon, au milieu de l'intervalle entre les deux dates, c'est-à-dire en 2790 av. J.-C., a dû se trouver très-près, à moins de 4' 35'" du pôle vrai de la terre, tandis qu'aux deux dates de 3400 et 2161, elle s'était trouvée à 3° 40'. Les deux positions précessionnelles de l'étoile α du Dragon, aux deux époques 2161 et 3400 av. J.-C., avec le pôle au milieu ou à égale distance des deux, semblent avoir eu entre elles le même rapport que les deux passages au méridien supérieur et inférieur d'une même étoile à égale distance aussi du pôle, dans sa rotation circumpolaire de chaque jour.

2° Si α du Dragon, à une époque donnée, a été monumentalisée dans son passage au méridien au-dessous du pôle, toutes les analogues de la grande Pyramide nous amènent à penser qu'elle devait être, au même moment, en relation avec une étoile plus importante encore, passant en même temps au méridien, mais *au-dessus* du pôle. Quelle a pu être, quelle a été cette étoile plus importante?

3° Ce ne fut certainement pas Soth, Sothis, ou Sirius l'étoile du chien, des Prêtres de l'Egypte; car à ces deux dates 3400 et 2161 av. J.-C., Sirius était dans une tout autre direction.

4° Mais, à cette dernière date, on voyait précisément, dans cette direction, passant au méridien au-dessus du pôle, en même temps que α du Dragon passait au méridien inférieur, le célèbre groupe d'étoiles des Pléiades, la plus anciennement connue des constellations et l'une des plus belles. En outre, ce très-beau groupe, situé alors très-près de l'équateur céleste, se prêtait merveilleusement, autant par la grande étendue de son arc diurne, que par le fait de sa conjonction avec une brillante étoile polaire, à devenir le point de départ d'un système chronologique nouveau; on le voyait au sud de la grande Pyramide, dans la direction opposée à celle de l'étoile polaire au nord.

5° En outre, au sein de la grande Pyramide, dans la direction contraire à celle du couloir d'entrée, qui regarde, comme nous l'avons dit, l'étoile polaire, on voit s'élever, regardant le sud, mais toujours exactement dans le plan méridien, la grande galerie, le principal élément architectural de la grande Pyramide; et sur toute la longueur remarquable de cette galerie courent *sept lambris* imbriqués ou empiétant l'un sur l'autre, et, ce qui est plus étonnant encore, c'est que depuis bien longtemps, presqu'aussi loin que remontent les traditions de la grande Pyramide, sans que personne sache pourquoi et comment, on a rattaché cette grande galerie au groupe des *sept étoiles* ou *Pléiades*.

6° A cette époque reculée, quand les Pléiades passaient au méridien au-dessus du pôle, en même temps que α du Dragon passait au méridien au-dessous du pôle (à la distance de 3° 40',— circonstance ou donnée précessionnelle importante), les mêmes Pléiades, ainsi qu'on l'a découvert récemment, avaient la même ascension droite que l'équinoxe du printemps, à la même époque ; de sorte que, coïncidence vraiment remarquable, elles devenaient le point de départ de toutes les mesures d'ascension droite des étoiles, et de ce grand cycle du mouvement précessionnel dont les astronomes, par le calcul, ont fixé la durée entre 25,812 et 25,868 ans (1), tandis que les diagonales de la base de grande Pyramide, mesurant ensemble 25,827 pouces pyramidaux, semblent appelées à symboliser cette même durée, et à la mesurer en quelque sorte à l'échelle d'un pouce pyramidal par an. Évidemment, l'inauguration d'un grand système chronologique basé sur l'observation des Pléiades ne pouvait pas avoir un plus heureux point de départ ; et il ne pouvait pas être consacré par un monument plus solennel et plus glorieux que la grande Pyramide.

(1) Voici les principales valeurs assignées par les astronomes au temps employé par le soleil pour parcourir le cercle entier de l'écliptique :

Tycho-Brahé,	25,816	ans.
Ricciolus,	25,920	—
Cassini,	24,800	—
Bradley,	25,740	—
Laplace,	25,812	—
Bessel,	25,868	—

Ajoutons que la dernière constante de Bessel a besoin de quelque correction ultérieure qui ne se fera pas longtemps attendre : si nous adoptons le chiffre de la grande Pyramide 25,827, compris entre les valeurs extrêmes, la précession annuelle des équinoxes sera de 50"18'0.

IIIe PARTIE.

Détermination plus exacte des étoiles de la grande Pyramide et de la précession des équinoxes.

Toutes les positions stellaires invoquées ci-dessus sont-elles exactes? Non, pas d'une manière absolue. Car les étoiles n'ont pas été créées par le Tout-Puissant, dans le seul but des besoins astronomiques de la grande Pyramide. Mais plus que toutes les autres, ces étoiles s'approchent des lieux que les constructeurs de la grande Pyramide semblent avoir voulu leur assigner intentionnellement; on peut même dire qu'elles en diffèrent moins que les mesures, prises par les savants des dimensions principales de la grande Pyramide qu'ils avaient sous les yeux, ne diffèrent des dimensions réelles; de sorte qu'on peut dire que cette approximation suffit pleinement à mettre en évidence l'intention expresse de monumentaliser l'inauguration du système de chronologie le plus parfait et le plus admirable de tous ceux que les nations de la terre aient pu imaginer et adopter.

Les faits suivants prouveront éloquemment la toute-puissance de l'astronomie moderne à rétablir et retrouver l'ensemble des positions des étoiles dans les temps les plus reculés, en partant des données fournies par la grande Pyramide. Sir John Herschell, en 1839, a calculé la date à laquelle α du Dragon se montrait sur le prolongement de l'axe du couloir d'entrée de la grande Pyramide, en admettant que cet axe fît avec la ligne des pôles un angle de 3° 40', et il fixa cette date à l'an 2161 av. J.-C.

Moi-même, en 1857 (*Vie et Travaux*, volume III, p. 282), en refaisant le calcul d'après une mesure plus exacte de l'angle que l'axe du couloir fait avec la ligne des pôles, angle que je trouvai égal à 3° 42', j'ai obtenu pour la date en question 2170 av. J.-C.

A son tour, M. le docteur Brunnow, astronome royal d'Irlande, assignant à l'angle de l'axe du couloir avec l'axe de la terre une valeur théorique de 3° 41' 42", et refaisant ce même calcul en 1871, est tombé sur la date de 2136 ans av. J.-C. (Voir tome XIII des *Observations astronomiques d'Edimbourg*, p. 118.)

Et quelle était à la même époque la position des Pléiades?

Prenant η du Taureau, pour la principale étoile du groupe des Pléiades, j'ai cherché par le calcul, en 1867, à quelle date elle a dû se trouver à 0° d'ascension droite, et j'ai trouvé 2167 av. J.-C. avec une déclinaison nord de 3° 40'.

M. le docteur Brunnow d'un calcul semblable fait en 1871, a conclu que η du Taureau s'est trouvé à 0° d'ascension droite en l'an 2248 av. J.-C. avec une déclinaison nord de 3° 47'.

Mais, circonstance bien plus curieuse encore, M. le docteur Brunnow a constaté que la date à laquelle, des deux étoiles α du Dragon et η du Taureau, l'une était au méridien au-dessus du pôle et l'autre en même temps au méridien au-dessous du pôle, différait beaucoup des dates précédentes, et coïncidait avec l'an 1574 av. J.-C. De sorte qu'en 2136 av. J.-C. α du Dragon se trouvait non à 12 heures, mais à 12 heures 16 minutes de η du Taureau. Ces 16 minutes d'écart devaient évidemment produire beaucoup moins d'effet sur la direction d'une étoile polaire, que sur celle d'une étoile équatoriale. Aussi M. le docteur Brunnow a-t-il constaté par le calcul que lorsque η du Taureau atteignait à cette date son point culminant, α du Dragon n'était pas au méridien, mais n'en était éloigné que de 0° 17', et qu'en l'an 2170 il était un très-peu plus loin encore.

Je pourrais rappeler, à cette occasion, que les observations de M. Nouet faites en visant le long des pierres rugueuses des premières assises de la grande Pyramide accusaient une erreur d'orientation de 19'58", dans quelle direction, *ouest* ou *est?* je ne le sais pas. De même, mes propres observations de l'étoile polaire faites le long des tranchées horizontales du côté *est* de la grande Pyramide, ont mis en évidence une erreur d'orientation de 19' 41", *précisément vers l'ouest du méridien du pôle vrai* (Voir *Vie et Travaux*, tome II, p. 192) ; et il résulte de mes observations ultérieures faites le long de l'axe du couloir d'entrée lui-même, que l'erreur d'orientation, toujours à l'ouest du nord vrai, n'est, en réalité, que de 5' 0".

Ces divers rapprochements nous autorisent peut-être à admettre que l'architecte de la grande Pyramide avait la conscience de cette petite erreur, mais qu'il manquait des moyens ou procédés nécessaires pour réduire au *minimum* la perturbation résultant des erreurs beaucoup plus grandes dans les positions des étoiles en général, et en particulier de celles de ces étoiles les plus appropriées à l'établissement du système de chronologie qu'il avait en vue.

Quoi qu'il en soit, et malgré que je n'aie pas réussi à obtenir des astronomes de notre époque la fixation des limites d'erreur entre lesquelles se trouvent renfermées, *sous l'influence de toutes les causes perturbatrices possibles*, leurs déterminations des positions des étoiles principales, à quatre mille ans de distance, déterminations qui sont loin d'avoir toute la précision désirable, comme l'ont prouvé dans ces derniers temps les changements apportés successivement à la distance de la terre au soleil, nous pouvons pour le moment considérer comme suffisamment approchés les résultats obtenus ci-dessus, et admettre que la date qu'avaient à symboliser où à monumentaliser les étoiles propres de la grande Pyramide, α du Dragon et η du Taureau, était l'an 2170 av. J.-C. ; les Pléiades ou η du Taureau, à sa culmination supérieure, devenant le point de départ de la chronologie de la grande Pyramide, et α du Dragon dans sa culmination inférieure servant à son orientation.

IVe PARTIE.

Symbolisme des constellations et orbite solaire.

Nous voici amenés à étudier le symbolisme ou la signification mystique des constellations de la grande Pyramide; signification beaucoup plus ancienne et beaucoup plus répandue que celles qui leur furent assignées par les Grecs, que la plupart des auteurs classiques et même quelques égyptologues s'obstinent à considérer comme les inventeurs des constellations.

Beaucoup de ces écrivains affirment que les noms, les figures et les faits mis en action dans les constellations du zodiaque, ont principalement leur raison d'être dans les positions qu'en vertu de la précession, elles occupaient relativement aux Tropiques et aux Equinoxes, en l'an 180 av. J.-C. Mais la tradition presque sacrée dont Virgile s'est fait l'écho,

Candidus auratis aperit cum cornibus annum Taurus

remonte à une date beaucoup plus rapprochée de 2170 ou même à une date antérieure ; car elle fait allusion à l'époque où les Pléiades, dont le Taureau fait partie, passaient au méridien en même temps que l'Équinoxe du printemps ; ou bien, comme nous l'avons indiqué, à l'époque correspondante à la position qu'occupait ce groupe des Pléiades quand α du Dragon se trouvait pour la seconde fois à 3° 40' du pôle nord du ciel.

Cette tradition virgilienne, admirablement conservée parmi les anciens Étrusques, transmise par eux aux Romains, qui l'ont répétée sans la comprendre, ou même sans s'apercevoir que les circonstances étaient bien changées, nous reporte immédiatement à une date beaucoup plus ancienne que toutes celles des Écoles d'Athènes ou d'Alexandrie. Elle nous engagerait presque à admettre qu'il y avait beaucoup de vérité dans les théories de Miss Rolleston, telles qu'elle les a formulées dans son livre intitulé *Mazzaroth ou les constellations*, et dont le but est de prouver que le groupement des étoiles en constellations ou figures conventionnelles, représentant certaines actions ou idées a été réalisé par les premiers patriarches de la race de Sem, sous l'influence directe d'une inspiration divine ; mais que plus tard ce groupement a été furtivement et sacrilégement approprié par les Grecs à leurs pratiques idolâtres et à la glorification de leurs héros ou demi-dieux.

Mlle Rolleston avait été surtout aidée, dans l'établissement de sa thèse, par sa parfaite connaissance de l'hébreu et de ce qu'on suppose avoir été l'arabe ancien. Ces langues, en effet, semblaient naturellement appelées à montrer, comme dans le cas des deux ours armés de queues contre nature, jusqu'à quel point les Grecs tombaient dans l'absurdité en se méprenant sur la signification véritable de mots arabes ou orientaux, étymologiquement assez ressemblant, mais de sens complétement différents. Ses connaissances linguistiques conduisirent encore Mlle Rolleston à faire surgir des noms des constellations, et souvent aussi des noms des principales étoiles qui les composent, des idées grandioses, respectables et même prophétiques, s'accordant presque complétement avec les récits inspirés des livres saints.

Or la grande Pyramide vient, sur beaucoup de points, à l'appui des théories de Mlle Rolleston ; et il en est de même sous certains rapports des conquêtes de la science moderne. Quand, en effet, la savante demoiselle entreprend de développer la signification du nom propre de l'étoile η du Taureau, Alcyone ou *le centre de révolution*, on est invinciblement amené à donner à ce nom pour commentaire la découverte du savant astronome russe Maedler, qu'une étude attentive des mouvements propres de plus de deux mille étoiles, observés avec les plus excellents instruments de la science moderne, a conduit à cette conséquence inattendue et grandiose, que η du Taureau ou Alcyone est non-seulement l'étoile centrale, ou la plus brillante du groupe des Pléiades, mais encore le seul grand soleil central autour duquel font leurs révolutions beaucoup d'étoiles très-éloignées et notre soleil entraînant avec lui les planètes, la terre, l'homme, l'homme forcé ainsi d'avancer, d'avancer toujours, à travers l'espace, avec une vitesse de 48 millions de kilomètres par année, suivant le calcul d'Otto Struve.

La symbolisation, par un monument comme la grande Pyramide, du mouvement de précession des étoiles, même au seul point de vue de la chronologie, n'aurait pas été complète, sans quelque allusion au mouvement orbitaire du soleil qui est pour nous la principale parmi les étoiles, puisque la détermination de la véritable valeur du chiffre de la précession est encore rendue incertaine, pour l'astronomie moderne, par la dépendance où il est de ce déplacement immense du soleil et de tout le système solaire, découvert seulement depuis peu.

Et pouvait-on symboliser d'une manière plus nette et plus concise, plus à la hauteur de la science du jour, ce fait si considérable, qu'en donnant une place d'honneur à l'étoile que les progrès de l'astronomie nous montrent comme étant le centre de ce grand mouvement orbitaire du soleil et des étoiles, qu'en faisant de ce soleil central le point de départ de la chronologie humaine ; au moment même où arrivé à son point culminant et passant au méridien au-dessus du pôle, il semblait dominer tous les autres astres du firmament.

Mais quelle est celle des étoiles qu'Alcyon semblait surtout dominer? Celle évidemment que l'on voyait condamnée à rester perpétuellement au-dessous du pôle pendant les longs jours pyramidaux, celle qui atteignait son passage inférieur au méridien, quand Alcyon atteignait son passage supérieur, α ou l'étoile prépondérante de la constellation du Dragon. Le Dragon ! nom merveilleusement prophétique, qui fut donné à cette constellation dès l'origine ; le Dragon non pas cet animal fabuleux avec un corps énorme, quatre pieds et deux ailes fantaisistes des romanciers du moyen âge, mais un serpent aux longs plis et replis tortueux, rampant sur son ventre et enveloppant la moitié des constellations du ciel dans ses circonvolutions ; souvenir et image du serpent antique, qui trompa et perdit l'homme et l'humanité. Ce rapprochement sera beaucoup plus frappant encore, si nous ramenons la forme fantastique d'Hercule ou de héros donnée par les Grecs à la constellation de ce nom, à la simple figure d'homme qui la représentait dans les temps primitifs ; car alors nous voyons dans toutes les cartes des étoiles, l'étoile principale du dragon ou serpent très-près du pied de la forme humaine qu'il voulait mordre et qui devait lui écraser la tête.

Ve PARTIE.

Le Déluge et l'époque diluvienne.

La malédiction du serpent, dans la chronologie de la Bible, est antérieure de deux mille ans, à peu près, à la fondation de la grande Pyramide érigée l'an **2170** av. J.-C. Par conséquent, lorsque pour la première fois, en 3400 av. J.-C., d'après les principes perpétués par la grande Pyramide, α du Dragon, au moment critique de l'observation de son passage au méridien, se montrait au-dessous du pôle, à sa distance normale de 3° 40', c'était pour l'humanité une époque de dépravation et de danger imminent, car le Déluge approchait ; et il est très-naturel que nous nous demandions quelles étoiles, à ce moment terrible, passaient au méridien au-dessus du pôle ; et si dans les figures de leurs constellations, dans les noms antiques qu'on leur a donnés, il n'est rien de saillant, rien de nature à caractériser cette phase unique de l'histoire de l'humanité.

La réponse est qu'en vertu du déplacement précessionnel combiné avec la position particulière de l'étoile α du Dragon, spécialement choisie par l'architecte de la grande Pyramide comme astre dirigeant, les étoiles que nous cherchons, les plus remarquables de cette région du ciel, séparée par l'immensité des cieux de la région où brillaient les Pléiades, étaient les étoiles formant les constellations du Scorpion et du Serpent; dont les noms, évidemment contemporains des noms des patriarches de l'Arabie, signifient méchanceté ou menaces pour l'homme, et caractérisent parfaitement l'époque désastreuse qui se déroule dans le récit biblique de la chute de l'homme au Déluge universel, à travers la corruption générale du genre humain.

En descendant de cette culmination antédiluvienne de l'étoile α du Dragon, jusqu'à son retour à 3° 40' de distance du pôle en 2170 av. J.-C. (date de la fondation de la grande Pyramide), nous ne voyons à signaler que l'époque à laquelle, en 2790, suivant les calculs de M. le docteur Brunnow, en 2,800 suivant les miens, dates qui se confirment l'une l'autre plus qu'elles ne diffèrent, cette même étoile α du Dragon était distante du pôle d'une quantité presque infiniment petite, ou de 4' 35, en conjonction astronomique avec ce pôle. Je dois faire remarquer, en passant, que le résultat calculé par M. le docteur Brunnow diffère du mien principalement dans la position en ascension droite qu'il assigne pour cette époque cruciale à l'étoile α du Dragon.

Et quelles étaient celles des étoiles voisines de l'équateur et du zodiaque qui par leur passage supérieur au méridien, suivant la méthode d'observation de la grande Pyramide, ont pu caractériser l'histoire de l'humanité à cette époque terrible du Dragon en culmination, ou presque au centre du ciel?

La constellation qui passait alors au méridien était celle du Verseau : et aucune constellation évidemment ne pouvait mieux symboliser la chute d'eau cruellement surnaturelle ou miraculeuse qui vint alors inonder la terre coupable. La date de ce passage supérieur du Verseau au méridien, 2795, est presque la moyenne entre les dates extrêmes, 2327 et 3245 que les diverses versions de la Bible hébraïque, samaritaine et des Septante, assignent au déluge de Noë.

Ici, cher lecteur, dans le cas où vous ne seriez pas suffisamment initié aux phénomènes des cieux et aux calculs astronomiques, permettez-moi de vous mettre en garde contre une erreur dans laquelle vous pourriez tomber.

Quoique nous ayons été conduits à ces symbolisations mystérieuses des crimes de l'humanité et de leur châtiment par des considérations astronomiques fondées sur le déplacement précessionnel des étoiles, il faut bien se garder de croire qu'il fût survenu pendant cet intervalle quelque changement absolu ou relatif, soit dans les positions des étoiles, soit dans la marche lente et régulière de la précession des équinoxes.

Si de la date 2170 nous remontons à 3400 ou même à 4170 av. J.-C., date probable de la création de l'homme, nous trouvons que l'équinoxe du printemps se déplace au sein de la constellation du Taureau, sans en sortir, et ouvre toujours l'année de la manière indiquée par le vers sibyllin, sans rien signifier de plus.

L'astronomie, en elle-même et seule, est sans doute une grande chose, mais elle reste entièrement silencieuse relativement aux actes de l'humanité. Déjà, il est vrai, dans les *noms* donnés primitivement aux étoiles et aux constellations, peut-être par le patriarche Enoch, l'astronomie commença à nous révéler quelque petite chose des destinées de l'humanité. Mais c'est seulement, ou du moins c'est surtout quand nous faisons intervenir la méthode d'observation inaugurée par la grande Pyramide, que la signification merveilleuse, historique et anthropologique des déplacements, si monotones en apparence, des étoiles du firmament devient évidente pour l'astronome chrétien qui a su se placer à ce bienheureux point de vue.

D'où il résulte que pour l'infidèle et l'étranger, tou,
est désert et silence ; tandis que le fidèle et le croyant-
initiés au secret de la grande Pyramide, voient se dérou
ler devant eux, dans le ciel, les événements principaux
de l'histoire de l'humanité, en parfait accord avec le
récit des divines Écritures. C'est pour eux que ces
paroles étranges semblent avoir été dites : « On donnera à celui qui a, et il abondera; pour celui qui n'a
pas, on lui enlèvera même ce qu'il semble avoir. »
(Matth., xxv, 29).

LE DÉLUGE D'APRÈS LES ASSYRIOLOGUES MODERNES.

Dans un système dont François Arago s'est fait l'écho,
on considère les noms des constellations zodiacales
comme simplement inventés dans le but de caractériser et symboliser les saisons de la vallée du Nil. A
ce point de vue, le Verseau indiquait et signifiait naturellement la bienfaisante inondation annuelle de ce fleuve.
Des indications fournies par la grande Pyramide et
que je viens d'énumérer, m'avaient conduit à affirmer,
en 1867, que l'origine du Verseau était beaucoup plus
ancienne et plus grandiose, qu'elle symbolisait non les
inondations du Nil, mais une inondation incomparablement plus gigantesque, le Déluge de Noé.

Tous les astronomes de profession et les savants sont
restés en dehors ou à l'écart de cette opinion. Mais,
tout récemment, il lui est venu d'un autre côté un renfort très-inattendu. M. Georges Smith est venu lire,
devant la Société d'Archéologie biblique de Londres, un
mémoire sur certaines inscriptions cunéiformes trouvées par lui dans la Mésopotamie, et dont l'une était la
description du déluge de Noé. Cette lecture a été suivie
d'une lettre écrite à l'*Athenæum* par le président de cette
société, sir Henry Rawlinson, dans laquelle il affirme que
ces tablettes cunéiformes formaient un mythe solaire,
qu'elles étaient au nombre de douze, que les idées

qu'elles exprimaient étaient en harmonie avec les constellations du zodiaque dont elles portaient les noms, et que celle qui contenait incontestablement le récit du déluge de Noé était inscrite sous le signe du Verseau !

Peut-être me serais-je élancé pour serrer fraternellement dans mes bras les membres de cette Société d'Archéologie biblique, c'est le nom qu'elle se donne, et les remercier cordialement de la confirmation si inattendue et si remarquable qu'ils apportaient, après cinq ans d'attente, aux conclusions que j'avais cru pouvoir tirer de la grande Pyramide. Mais hélas! le Président de la Société et avec lui les membres principaux s'empressèrent d'élever, sur des arguments aussi peu fondés que ceux des égyptologues, la prétention que les tablettes cunéiformes particulières, déchiffrées par M. George Smith, et qui n'avaient pas été écrites antérieurement à l'an 700 avant J.-C., que ces tablettes, cependant, avaient dû être copiées sur d'autres plus anciennes, remontant au moins à la date incroyable de 7000 avant J.-C.; démontrant ainsi qu'une monarchie assyrienne régulière et florissante avait régné sans interruption, sans révolution et aussi sans déluge, pendant cette immense série d'années préhistoriques !

En d'autres termes, la Société d'Archéologie biblique, sans aucun document contemporain, sans autre monument que des tablettes qu'elle fait remonter elle-même à 700 ans, a le triste courage, ou plutôt, disons-le sans hésiter, a fait la folie de jeter par-dessus son bord sa chronologie de la Bible; et, loin de se renfermer entre les limites extrêmes, 2300 et 3300 ans, posées par les Livres saints, ose déclarer que le déluge de Noé, si tant est qu'il ait eu lieu, remonte à une date antérieure à 7000 avant J.-C. Sir Henry Rawlinston ne s'est pas arrêté en si bon chemin. Dans une autre lettre écrite à M. James R. Napier C. E., et publiée par la Société philosophique de Glascow, il part des différences peu considérables entre les dates assignées par les diverses

versions de la Bible aux événements antérieurs à
Abraham, pour prétendre que ces versions ne méritent
aucune confiance, en fait de chronologie, et s'empresse
d'assigner à tous les faits préabrahamiques des dates
incomparablament plus reculées, avec un laisser-aller
qui étonne et qui effraye.

Mais de même que lorsqu'il s'agit des anciennes
éclipses, comme celle de Darius, toute éclipse qui n'est
pas arrivée à l'époque de Darius, ne peut pas être
l'éclipse de Darius, alors même qu'elle aurait été visible
dans le pays occupé par Darius ou en Asie Mineure, de
même tout déluge qui n'est pas arrivé à l'époque de Noé
ne peut pas être considéré comme le déluge de Noé ; or
l'époque de Noé ne peut pas être prise en dehors des
limites posées par la Bible. Aussi est-ce une grande
satisfaction de trouver que la grande Pyramide, plus
vieille de 1400 ans que les tablettes cunéiformes discutées par sir H. Rawlinson, et le plus ancien monument avec date absolue, assigne à ce grand événement
anthropologique, le déluge universel unique, ou le déluge
de Noé, une date conforme à celle des saintes Écritures.

Un mot encore sur les étoiles dominantes ou qui
passaient au méridien au-dessus du pôle, quand pour
la dernière fois α du Dragon, encore à la distance
de 3° 40', arrivait à son point culminant au-dessous du
centre de rotation du ciel dans le *Nord*, que la Bible
appelle le *siége du* Très-Haut, en l'an 2170.

VIᵉ PARTIE.

L'année des Pléiades. Unité d'origine du genre humain.

Ces étoiles dominantes étaient les Pléiades. Et il se
trouve que ces étoiles si remarquables sont désignées tra-
ditionnellement, chez presque tous les peuples de l'Orient,
par des expressions qui rappellent la joie, l'amour, le bon-

heur. Jusque dans nos climats hyperboréens, le nom de la principale étoile de cette constellation a fait naître, pour exprimer une période de temps calme et beau, la dénomination populaire de *jours* d'Alcyon. Sa popularité est due en partie à ce que son passage au méridien supérieur de la grande Pyramide apportait au monde la bonne nouvelle que le déluge était fini et ne sévirai plus désormais contre l'homme; en partie à ce qu'une tradition commune à l'humanité entière, en dehors même de la sphère du peuple hébreu du peuple chrétien et du peuple égyptien, s'accordait à considérer ce groupe d'étoiles comme le point de départ d'une grande ère chronologique, tradition consacrée par ce fait que les Pléiades n'ont jamais cessé de jouer un rôle chronologique important.

M. R. G. Haliburton, de la Nouvelle-Écosse, est le premier, à notre connaissance, qui ait appelé directement l'attention sur l'existence, parmi presque toutes les races primitives de l'humanité, d'un système de chronologie en rapport avec les Pléiades. Pour remonter des traditions de notre temps à celles des temps les plus reculés, bien antérieures à celles des Grecs et des Romains, M. Haliburton a eu l'heureuse pensée d'interroger les tribus les plus sauvages, en partant de ce principe que des tribus vraiment sauvages, connues seulement des Européens depuis peu de temps, ont dû nécessairement rester tout à fait stationnaires; de telle sorte que leurs croyances, leurs sentiments, leurs mœurs sont nécessairement le reflet ou l'écho d'un passé très-éloigné.

Une des tribus les plus remarquables en ce genre et la plus connue aujourd'hui, est celle des indigènes de l'Australie, que des observateurs légers ou indifférents croyaient différer très-peu des brutes. Sir George Grey qui a longtemps vécu parmi eux, avait fini par admirer grandement la beauté et l'harmonie rhythmée de leur langue, et plus encore le caractère très-complexe, très-complet, de leur système social, de leurs lois tradi-

tionnelles. Le noble voyageur a de plus établi que ces lois
ne sont nullement les restes d'une ancienne civilisation,
ni les résultats d'un développement progressif de ce
peuple passant d'un état moins parfait à un état plus
parfait; mais que cette législation si sage vient toute
formée du dehors, et qu'elle a été donnée à ces tribus
dans le but évident d'assurer leur existence au sein de
les régions sauvages, et peut-être pour les constituer à
c'état de témoins involontaires ou spontanés de Dieu dans
un but inconnu alors, mais qui devait se révéler un jour.
Là s'étaient arrêtées les recherches et les conjectures de
sir G. Grey. M. Haliburton est allé plus loin dans cette
voie pleine d'intérêt. Il a démontré par plusieurs documents coloniaux venus de sources très-indépendantes, que
les tribus sauvages, en très-grand nombre, mettent le
début de l'année sous le contrôle des Pléiades. Il n'en est
aucune qui observe plus attentivement, plus religieuse-
ment que les aborigènes de l'Australie ce groupe si
remarquable du ciel étoilé. Ils l'observent de la manière
indiquée par la grande Pyramide, et adoptée par l'astronomie moderne, à son passage au méridien ; tandis que
les Nouveaux-Zélandais plus civilisés et plus inventifs,
comme les Grecs et d'autres nations de l'Europe et de
l'Asie, croyant perfectionner ce qui en réalité ne pouvait
pas être plus parfait, remplacent le passage au méridien
par le lever de l'astre ou son apparition à l'horizon. La
manière australienne de commencer l'année consiste à
choisir la nuit où l'ont voit le plus de Pléiades, ou celle
où l'on voit continuellement les Pléiades, du coucher ou
lever du soleil ; cette nuit est naturellement celle où elles
passent au méridien à minuit, ce qui, en l'an 2170 avant
J.-C., s'était présenté le 21 septembre. Mais ce passage
au méridien tendant à se produire de plus en plus tard,
dans la proportion d'un jour, tous les 71 ans, nous l'observons aujourd'hui, le 27 novembre.

Cette méthode d'observation convient tout particulièrement quand on l'étend à de longs intervalles de temps,

parce qu'elle n'entraîne pas des erreurs constantes allant sans cesse en s'accumulant avec rapidité, et qu'elle échappe au défaut spécial de l'observation des levers des astres commune autrefois aux peuples demi civilisés, et qui ne leur donnait la longueur de l'année qu'avec une approximation très-erronée ; puisqu'au lieu d'une rétrogression d'un jour en 71 ans, l'erreur commise par eux fut d'abord de cinq jours au moins après un an, et se trouvait être encore d'un jour tous les quatre ans, après leurs longues séries d'observations des levers des astres.

N'est-il pas vraiment étrange de trouver des sauvages vivant nus et sans défense, relégués bien loin à 30 degrés de latitude dans l'hémisphère sud, là où les Pléiades, même à leur point de culmination, ne s'élèvent pas à plus de 30 degrés au-dessus de l'horizon, et qui, néanmoins, ont ces étoiles pour base de leur chronologie ; quoiqu'elles soient toujours éloignées du zénith, quoiqu'elles ne soient jamais très-brillantes, et qu'elles soient au contraire très-obscurcies à ces basses latitudes par les vapeurs de l'horizon ! Quoi de plus étonnant que de voir ces Australiens se livrer à de si grand s transports de joie dans la nuit où chaque année ils voient *le plus distinctement* ces étoiles dont la clarté est en général assez faible ! Pour donner à l'expression de leurs sentiments un caractère éminemment national, ils se livrent avec ardeur, en l'honneur des Pléiades, à leur grande danse *corroborée* ou pléiadique.

La seule raison qu'ils puissent donner de cette étrange coutume, c'est que leurs pères faisaient ainsi avant eux. En elle-même, cette raison n'expliquerait rien : mais si l'on admet que leurs premiers ancêtres avaient reçu ordre de prendre ces étoiles pour point de départ de leur chronologie, à une époque où, en vertu de la précession des équinoxes, situées à l'équateur et visibles à la fois pour les deux hémisphères, elles étaient, dans les latitudes méridionales, plus élevées de 55 degrés au-dessus de l'horizon. Or ce fait nous ramène précisément à la date de la grande Pyramide, très-rapprochée de la date de la confusion des langues à Babel et de la dispersion des peuples; dispersion miraculeuse qui, en punition de leur orgueil insensé, arracha leurs pères à la plaine de Shinaar, les entraîna dans des climats lointains, mais en leur laissant, dans un sentiment de commisération divine, comme héritage de famille, ces traditions de sagesse exaltées par sir George Grey; et qui les ont fait vivre et se perpétuer sous le ciel étranger de l'Australie, constitués à l'état de témoins de Dieu, par les Pléiades, jusqu'à l'avénement des temps où ils devaient transmettre ces *héritages désolés* à un autre peuple, à qui ils avaient été promis dès le commencement.

Dans son grand ouvrage, l'*Histoire monumentale de l'Égypte*, M. William Osburn fait une description touchante de l'émigration des aborigènes ou premiers habitants de l'Égypte, condamnés à un exil forcé et terrible. Dieu ne les abandonna pas, mais ils marchaient courbés sous le poids du jugement et de la condamnation qu'ils avaient encourus. La tradition des tribus du golfe Carpentaria récemment visitées par J. G. Pitcher, nous représente les aborigènes ou premiers immigrants de l'Australie comme forcés d'obéir aux menaces d'un grand serpent qui semblait les chasser devant lui.

Donc, à l'époque de Babel, qui fut presque l'époque de la grande Pyramide, les Pléiades, sans aucun doute, étaient si près de l'équateur céleste, qu'elles devenaient le point de départ naturel d'une chronologie stellaire, se prêtant merveilleusement aux besoins des peuples de toute la terre, quoiqu'offrant un peu plus d'avantage aux peuples du nord qu'aux peuples du sud. Voilà peut-être pourquoi et comment, dans les traditions primitives de tous les peuples connus, et notamment de beaucoup de peuplades sauvages, les Mexicains, les Texiens, les Australiens, les Nouveaux-Zélandais, qui restèrent toujours étrangers aux errements de la science classique et n'eurent jamais de science propre, M. Haliburton a trouvé des traces de cette merveilleuse année des Pléiades ; de ce calendrier des Pléiades, dont le cycle se déroule en 25827 ans, dont la grande Pyramide, que nous savons déjà être le centre de la surface de la terre, est comme nous l'avons prouvé, le monument commémoratif ou la matérialisation expresse, et devient son seul point de départ, en 2170, de l'ère chronologique des Pléiades.

L'astronomie de la grande Pyramide trouve donc sa confirmation précieuse et de grande valeur dans l'histoire primitive, et plus d'une fois dans les coutumes encore existantes au sein du genre humain sur le globe tout entier; attestant une fois de plus que tous les hommes sont issus de la même souche, et que toutes les tribus, aussi bien sauvages que civilisées, ont été placées à un niveau élevé, les unes, toutefois plus haut, les autres plus bas, d'où elles puissent, sans perte de temps ni de travail, commencer leurs carrières si diverses, et vivre de la vie historique à laquelle elles étaient prédestinées ; carrières distinctes en quantité comme en qualité, rappelant les étoiles du firmament qui ont chacune leur clarté diverse, mais allant toutes se perdre enfin dans la science du Tout-Puissant ; et montrant que toute race humaine, exactement comme la race spécialement choisie d'Israël, a eu quelque rôle à remplir, quelque talent, sinon plusieurs talents qui lui furent confiés pour qu'elle les fît valoir et servir à la gloire de Dieu.

XIV

Confirmations apportées par la grande Pyramide elle-même.

Cette théorie scientifique et antiprofane de la grande Pyramide fait chaque jour de nouveaux progrès, allant de preuve en preuve, de confirmation en confirmation. De sorte que depuis le commencement de la rédaction de ce petit volume, elle s'est enrichie de plusieurs brillantes découvertes, faites par les hommes patients qui se sont consacrés à son étude, et qui ont éclairé certains points délicats d'une lumière inattendue et beaucoup plus vive. Ces découvertes sont d'autant plus précieuses et valables, qu'elles résultent non de mesures nouvelles prises sous l'inspiration de la théorie déjà établie, mais d'un examen plus attentif et plus éclairé de mesures déjà prises en 1865, ayant reçu, en 1867, une publicité entière et universelle, auxquelles, par conséquent, on ne peut rien changer.

Une de ces confirmations très-importantes, basées sur les mesures les plus faciles à prendre et dont le degré d'exactitude est plus directement appréciable, nous vient de l'étude comparée des dimensions des diverses parties de l'édifice ; d'une sorte d'action et de réaction entre l'intérieur et l'extérieur. Il arrive, en effet, quelquefois qu'une particularité théorique qu'on voit prédominer sur un certain point de la surface, semble, sur d'autres points, se dissimuler au regard, quoiqu'on la retrouve implicitement comprise dans une série de mesures trop dilicatement et trop exactement prises pour qu'on puisse croire à une coïncidence fortuite, en même temps qu'elles portent sur des détails trop profondément encastrés et cachés dans l'édifice pour

avoir pu être l'œuvre de tout autre que des premiers
constructeurs.

Ce genre de confirmation est d'ailleurs le plus frappant et le plus expressif. En effet, grâce à ce parallèle
établi entre l'extérieur et l'intérieur, il arrive que certains caractères extérieurs confiés à la pierre calcaire
tendre, puis effacés à la longue, ou matériellement altérés
par les dégradations et les injures du temps continuées
pendant quarante siècles, se retrouvent intacts, mais dis-
simulés, dans le granit des chambres ou parois intérieures
longtemps inaccessibles, révélées seulement dans les
mille dernières années ; et qui par là même ont été
incomparablement moins visitées, déflorées et spoliées,
prêtes d'ailleurs à sortir de cette vie latente et à se révéler dans des mesures prises avec soin.

Citons un exemple d'une des plus importantes de
ces confirmations si précieuses. Les principes essentiels
ou les traits caractéristiques extérieurs de la grande Pyramide sont : 1º sa forme π déterminée par un angle
d'inclinaison des faces tel que le rapport du périmètre de
la base à la hauteur soit un multiple simple du rapport de la circonférence au diamètre ; 2º la longueur
donnée au côté de la base renfermant une allusion aux
jours de l'année, exprime par un multiple unique de la
longueur la plus naturellement appelée à devenir le point
de départ d'un système complet de mesures des lignes,
des surfaces et des volumes ; 3º l'emploi d'une coudée,
partie aliquote exacte du demi-axe polaire de la Terre,
et qui se trouve en relation directe avec un très-grand
nombre d'éléments ou données chronologiques, d'espace
et de temps, d'années et de jours, de physique du globe
ou météorologie, etc., etc.

Mais, comme nous l'avons déjà largement exposé, les
dimensions extérieures de la grande Pyramide, et notamment les arêtes et les côtés de la base, avaient été
si grandement altérés par les injures du temps et les
dilapidations des hommes, qu'il est aujourd'hui extrême-

ment difficile de déterminer leur longueur primitive. Au reste, alors même que par des travaux considérables nous aurions réussi à resserrer les erreurs entre des limites assez étroites, ce ne serait en définitive qu'une simple et unique détermination de la longueur. Or les égyptologues maintiennent, et en cela je suis d'accord avec eux, qu'une coïncidence plus ou moins frappante, née d'une détermination de deux des caractères distinctifs de la grande Pyramide, ne peut pas cesser d'être fortuite et reste sans portée. Ils veulent qu'il en soit encore ainsi, alors même que des coïncidences de ce genre se seraient représentées pour quinze ou vingt caractères différents déterminés indépendamment. Mais au fond, cette prétention des égyptologues est déraisonnable, et même contraire aux lois du calcul des probabilités, comme M. l'abbé Moigno, l'écrivain infatigable, l'a établi dans ses *Mondes*, livraison du 21 septembre 1874. Mais nous les comprenons; aussi, pour les satisfaire et en même temps leur enlever tout prétexte, nous nous empressons de leur opposer les nouvelles particularités ou coïncidences vraiment inespérées mises en évidence, principalement dans ces dernières années, par M. le capitaine Tracy de l'artillerie royale, par M. James Simpson, W. Petrie, M. S. John Vincent Day, et M. le professeur Hamilton L. Smith de New-York, etc., qu'on trouvera réunis dans la nouvelle édition de *Notre Héritage de la grande Pyramide*, publié en 1874.

FORME ET DIMENSIONS DE LA GRANDE PYRAMIDE, RÉVÉLÉES PAR L'ANTICHAMBRE.

A l'intérieur de la grande Pyramide, et presque dans son enceinte la plus reculée, le visiteur qui veut entrer dans la chambre du Roi doit traverser d'abord une sorte d'antichambre où il rencontre pour la première fois des pavés ou lambris en granit.

Trois millions de tonnes de pierres calcaires étaient

déjà entrés dans la masse de la Pyramide, avant qu'on eût fait usage d'un seul bloc de granit, parce que ce granit devait être apporté de près de 300 kilomètres, qu'il appartenait à la variété la plus dure et la plus difficile à tailler, qu'il ne recevait qu'à grand'peine des formes régulières et des surfaces polies. On ne saurait douter que l'Architecte qui, pour l'employer, s'imposait un excédant considérable de main-d'œuvre et de dépenses, ait été guidé par quelque raison puissante, par la nécessité d'atteindre un but essentiel et caché. Les égyptologues ne se sont pas donné la peine de formuler ce pourquoi, d'expliquer ce recours à des matériaux plus résistants et plus coûteux; ils ont gardé sur cette particularité, cependant très-singulière, le silence le plus absolu. Mais, heureusement, la Pyramide vient elle-même à notre aide et sa puissante voix va nous révéler des secrets vraiment étonnants. Demandons-lui en premier lieu où commence l'emploi de ce granit et en quelle proportion il entre dans cette construction. Le granit apparaît d'abord d'une façon très-dyssymétrique; on ne le rencontre pas en entrant, il ne commence à revêtir le pavé qu'à une certaine distance de l'entrée, plus près de la paroi nord que de la paroi sud; et M. le capitaine Tracy nous a donné le premier le secret ou l'explication théorique de cette particularité remarquable, signalée par moi, sans qu'il m'eût donné de la comprendre, que tandis que le pavé entier de l'antichambre, du nord au sud, dans la direction de la chambre du Roi, a 116,26 pouces pyramidaux de longueur, la portion en granit de ce même pavé n'a que 103 pouces de longueur. Cette longueur de 103 pouces (1) frappa imédiatement le regard du capitaine Tracy, parce qu'elle est la moitié de la largeur et le quart de la longueur de la chambre du Roi. M. Simpson a reconnu de

(1) Dans *Vie et Travaux*, 2e volume, cette portion de granit est indiquée comme mesurant 102,9 pouces du côté est, et 103,0 du côté ouest.

son côté qu'elle est une unité de mesures, ou étalon, très-importante, telle que toutes les dimensions de ce sanctuaire de la grande Pyramide sont des multiples de son carré, en admettant toutefois que cette longueur soit comprise entre 103,05 et 103,03 pouces pyramidaux, quantité dont la différence est vraiment microscopique.

Le fait que cette même longueur de 103,1 pouces anglais (Voyez *Vie et Travaux*.), ou 103,0 pouces pyramidaux se reproduit aussi au sein de l'antichambre dans le sens vertical, c'est-à-dire sur les revêtements en granit de la paroi est, a conduit M. Tracy et M. Simpson à constater que la longueur horizontale multipliée par la longueur verticale ou $\overline{103,03}^2$, donnait pour produit 10 616 pouces carrés pyramidaux. Cela posé, les dernières mesures prises ont donné pour la longueur totale de l'antichambre exprimée en pouces pyramidaux :

Au sommet :   paroi est,   116,2

En bas :   paroi ouest, 116,2
paroi est,   116,1
paroi ouest, 116,4

D'où l'on a conclu que la longueur moyenne la plus probable est 116,26 pouces pyramidaux. Or 116.26 est le diamètre du cercle qui aurait pour surface 10 616 ; c'est-à-dire précisément la surface $103,03 \times 103,03 = 10616$ du carré ayant pour côté la longueur de la portion en granit du pavé. Nous retrouvons donc dans la comparaison de la longueur totale de l'antichambre à la longueur de la portion de granit, le même nombre π rapport de la circonférence au diamètre, que nous avions déjà retrouvé dans la comparaison du périmètre de la base à la hauteur, et qui caractérise essentiellement la forme π de la Pyramide.

Si l'on multiplie par π cette même longueur 116,26 de la chambre du Roi, ou le diamètre du cercle ayant pour surface 10,616, on trouve 365,24, c'est-à-dire le nombre des jours de l'année tropicale ; nombre que nous avons déjà vu exprimé par la longueur du côté de la base. De même, en multipliant les valeurs trouvées ci-dessus pour la longueur totale de l'antichambre, d'abord par π puis par 5×5, ou deux fois par le nombre 5, essentiellement pyramidal, nous trouvons, en pouces pyramidaux :

$$9126$$
$$9126$$
$$9118$$
$$9142$$

nombres dont la moyenne 9 128 diffère à peine du nombre 9 131 ; nombre qu'après une longue discussion j'avais cru devoir adopter pour la longueur du côté de la base de la grande Pyramide, nombre aussi qui en tous cas différerait moins de la longueur véritable que les mesures prises par tous les savants modernes.

Mais, comme si on avait voulu rendre impossible toute erreur ou tout doute sur son intention réelle, il a fallu que l'architecte le consignât ou le rappelât aussi dans une autre proportion de cette petite antichambre. En effet, d'une part, sa longueur est de 116,26 pouces pyramidaux ; d'autre part, elle a pour base la cinquantième couche de la maçonnerie du monument entier ; or

$$116,26 \times 50 = 5\,813 \text{ pouces pyramidaux}$$

et 5 813 est la hauteur que les meilleures mesures extérieures assignent à la hauteur de la grande Pyramide.

Si, en outre, nous multiplions la longueur 103,03, ou plus exactement 103,033 pouces pyramidaux par 50, nous trouvons 5 151,63, chiffre remarquable qui est à la fois et le côté d'un carré égal en surface au triangle section méridienne ou principale de la grande Pyramide, et l'aire du cercle qui aurait pour diamètre la hauteur de la grande Pyramide.

Enfin la hauteur maximum 149,4 ou même 149,44 de cette petite antichambre, qui est comme le microcosme ou le diminutif du monde entier de la grande Pyramide, se trouve divisée en deux parties inégales par le centre de la pierre inférieure de la feuille de granit très-remarquable suspendue contre ses parois.

L'une de ces parties est égale à 91,31, l'autre à 58,13 pouces pyramidaux ; or,

91,31 $\times$ 100 = 9 131 pouces pyramidaux, longueur du côté de la grande Pyramide, et

58,13 $\times$ 100 = 5 813, hauteur verticale de la grande Pyramide.

CONFIRMATION APPORTÉE PAR LES DIMENSIONS DE LA CHAMBRE DU ROI.

La chambre du Roi nous présente à son tour une confirmation nouvelle et plus éclatante des intentions cachées de l'architecte. Ses dimensions sont beaucoup plus grandes, et elles ont pu être bien plus exactement mesurées ; on aurait pu même avoir leurs longueurs absolues sans une dislocation qui s'est produite, depuis environ quarante ans, dans les pierres du parquet. La largeur de la chambre mesurée en pouces pyramidaux est à une extrémité 206,0 à l'autre 206,2, et nous prenons provisoirement pour sa valeur la moyenne 206,066 de ces deux nombres.

Les deux mesures latérales de la longueur donnent 412,1 et 412,2 pouces pyramidaux, moyenne provisoire 412,132.

Enfin les deux mesures de la hauteur ont varié de 229,0 à 230,6, chiffres entre lesquels il reste une certaine indécision, en raison des différences de niveau causées par l'affaissement de quelques pierres du pavé ; nous prenons pour cette hauteur la moyenne 230,389 qui se trouve être égale au produit de la demi-largeur par la racine carrée de 5. Or, de ces trois dimensions principales nous déduisons par le calcul les valeurs suivantes de quatre dimensions secondaires.

Diagonale au fond de la chambre 309,099 pouces pyram.

   —   du pavé   —   460,777   —

   —   de la paroi latérale —   472,156   —

   —   de la chamb. elle-même 515,165   —

Cette dernière est incontestablement la dimension dominante ou capitale de la chambre du Roi ; or, si nous la divisions par 5, mode de division que semblent commander les cinq feuillets ou divisions de la paroi méridionale de l'antichambre avant d'entrer dans la chambre du Roi, elle donne la longueur de la portion en granit du parquet de cette antichambre, 103,033 pouces pyramidaux, longueur si importante qu'on pourrait la considérer comme l'unité ou étalon de mesure de toutes les dimensions de la chambre du Roi.

Multipliez cette diagonale par 10, vous avez 5 151,65 pouces pyramidaux ; élevez cette nouvelle quantité au carré, multipliez-la par π, et extrayez la racine carrée du produit, vous aurez 9 131,07 c'est-à-dire la valeur la plus approchée que nous ayons encore obtenue de la longueur du côté de la grande Pyramide, 9 131,05 ; confirmation éclatante des révélations de l'antichambre.

En outre, ainsi que l'a démontré M. Simpson, cette même diagonale cubique ou diagonale du parallélipipède rectangle qui constitue la chambre du Roi, 515,165 pouces pyramidaux élevée au carré donne 265,195 (1) pouces pyramidaux, quantité sensiblement égale à la centième partie de la surface de la section droite de la grande Pyramide ; quantité égale aussi à l'aire d'un cercle ayant pour diamètre la hauteur verticale de la grande Pyramide.

Il existe donc un rapport de commensurabilité remarquable, exprimé par le chiffre 5151,65 entre la grande Pyramide entière et la petite chambre du Roi ménagée dans l'intérieur de la masse. Et il existe un rapport semblable entre la capacité de la chambre du Roi et la capacité beaucoup plus petite encore du coffre, qui est

___

(1) Ou en termes plus précis, $\sqrt{5151.65^2} \times \pi = 9131.07$

son joyau ou son meuble le plus précieux. En effet, si l'on ne tient pas compte des bords enlevés par des brigands modernes, et qu'on prenne les mesures non des surfaces courbes, mais des arêtes longitudinales, on obtient les résultats suivants :

1° Longueur moyenne des vingt-quatre arêtes du coffre, 51 51 ;

2° Diamètre d'une sphère de volume sensiblement égal à la capacité du coffre, 51 515 ;

3° Diamètre d'un cercle de surface égale à l'aire intérieure du coffre, ramenée à un plan horizontal, 51 516 ;

4° Côté d'un carré égal en surface à l'aire des quatre faces verticales extérieures du coffre, 51 516.

Mais revenons à la chambre du Roi, si bien étudiée dans les paragraphes qui précèdent, et que sa capacité caractérise particulièrement et pleinement (Voyez chapitre XII), comme étant par excellence la chambre des poids et des mesures. Ce fait étant acquis, nous pouvons nous demander de quelle manière l'antichambre joue relativement à la chambre du Roi son rôle d'introductrice ou d'intermédiaire. Suggère-t-elle par exemple au visiteur qui y pénètre, quelque idée spontanée de volume ou de poids ? Oui, bien certainement, car la première chose qui frappe le regard quand on y pénètre, est la bosse en relief de la feuille de granit qui se détache sur la paroi du nord, en face de lui.

J'ai décrit très en détail cette proéminence dans mon grand ouvrage *Vie et Travaux*, où j'ai donné ses deux dimensions linéaires, sa largeur et son épaisseur, avec une exactitude très-suffisante ; mais je me suis trompé sur la hauteur. Elle a été reproduite récemment, en 1872, par un moulage en plâtre fait sous les yeux de mon ami, M. Waynman Dixon, et elle a été mesurée avec le plus grand soin par M. St. John Vincent Day, qui a trouvé que sa largeur, prise sur l'arête horizontale inférieure, et son épaisseur s'accordent parfaitement avec les conclusions de M. le capitaine Tracy ; c'est-à-dire que cette bosse

représente la longueur normale de la véritable coudée pyramidale divisée par 5, tandis que ce cinquième divisé encore par 5, donne la mesure du pouce pyramidal, qui devait
être et aurait dû rester la grande unité du genre humain.

En outre, la pierre sur laquelle la bosse se détache,
est la plus élevée des deux pierres dont se compose la
feuille en granit, et la pierre inférieure qui la porte présente à son tour des particularités remarquables. Sa forme
est très-exactement rectangulaire, ses faces sont très-
lisses ; et exprimées en pouces pyramidaux, ses dimensions linéaires sont :

Epaisseur, 15 68.
Hauteur,   27 72.
Largeur,   40 96   (1).

Or ces trois dimensions multipliées entre elles, donnent pour volume de cette pierre 17,803 pouces cubes
pyramidaux, nombre qui ne diffère du nombre 17,812,
quart du volume 71,250, du coffre de la chambre du Roi
que d'une quantité très-petite comprise entre les limites
des erreurs d'observation ou de mesure. Le volume de la
pierre qui porte celle de la bosse, est donc le quart du
coffre, et représente parfaitement deux mesures de capacité très-importantes des temps anciens et du moyen âge
le *gomer* des Hébreux, et le *quarter* des Anglo-Saxons.
Mais la pierre inférieure de ce feuillet de granit n'est pas
seulement encastrée dans ses propres rainures ; elle est,
en outre, placée au niveau d'un joint horizontal tracé sur
le granit, qui court le long des murs en face de lui, ou

(1) C'est-à-dire, la partie visible et proéminente de la pierre, ou
cette partie qui est entre les rainures du mur, et non engagée ou
enterrée à chaque bout, dans le mur. Une semblable partie visible
de la pierre se trouve désignée dans mon ouvrage *Vie et Travaux*,
page 100, IIe vol., — comme ayant 41"00 (B. I) pouces de large ;
mais à une page précédente, la largeur de la chambre sous la
pierre est donnée comme étant de 41"45 pouces. La mesure
de la pierre est donc plutôt trop petite, mais je soupçonne que
dans les deux places, il se trouve une différence réelle de largeur.

vers le sud, et jusqu'à l'extrémité de la chambre. Cette circonstance a conduit M. le capitaine Tracy à évaluer le volume de la portion de l'antichambre comprise entre les deux plans horizontaux des surfaces inférieure et supérieure de la pierre qui porte avec protubérance, prolongés sur toute la longueur de l'antichambre, en lui accordant la même largeur que la pierre. Le volume ainsi obtenu est 5,001 fois le volume de la pierre, *quart du coffre*.

Il reste cependant ici quelque incertitude sur la valeur de la largeur à adopter dans le calcul qui précède ; car sans mettre en ligne de compte les rainures actuelles ayant quelques pouces de profondeur et de largeur, creusées des deux côtés du revêtement en granit, la largeur de l'antichambre, mesurée par moi, sur divers points, s'est trouvée presque partout comprise entre 40,76 et 41,96 pouces pyramidaux ; et je suis d'avis, au moins pour la partie principale, que sa largeur la plus probable est 41,66 pouces pyramidaux.

Prenons cette largeur pour base du calcul du grand volume au-dessous du niveau de lambris en granit du côté de l'est. Les dimensions de cette portion de l'antichambre, étant 116,26 pouces pyramidaux de longueur, 103,03 pouces pyramidaux de hauteur (valeur déjà retrouvée exacte), et 41,66 pouces pyramidaux de largeur ; son volume sera $116,26 \times 103,03 \times 41,66 = 499,015 = 7\,004 \times 71,250$; c'est-à-dire 7,004 fois le volume du coffre : tandis que comme il a été démontré par un calcul de M. Sydney Hall, le volume de la partie supérieure de l'antichambre, depuis le plafond jusqu'au niveau du lambris en granit sur la paroi ouest, $116,26 \times 65,1 \times 37,7$ est 4 005 la capacité du coffre.

<h3 style="text-align:center">CONFIRMATION TIRÉE DE LA GRANDE PYRAMIDE</h3>

Une autre portion plus remarquable encore de la grande Pyramide, qui n'a son semblable dans aucune autre pyramide, c'est la grande galerie, dont la capacité cubique égale celle de toutes les autres chambres ou passages réunis. Sa voûte d'une forme toute particulière est faite de pierres dont le nombre ne serait pas sans importance, au jugement de plusieurs érudits. Mais on ignore encore la valeur exacte de ce nombre. On compte trente pierres dans l'une des planches de l'*Expédition française*, et trente et une dans le grand ouvrage du colonel Howard Vyse. Un examen fait avec soin, à l'aide d'un appareil éclairant imaginé sur place, m'a donné trente-six pierres ; quel est le chiffre véritable ?

M. James Simpson qui a déterminé avec soin le volume ou la capacité cubique de la grande galerie en partant des mesures linéaires d'ensemble et de détails, l'a trouvé égal à 36 millions de pouces cubes pyramidaux ; ce qui, comme il le fait remarquer lui-même, donnerait pour chaque pierre de la voûte, un million de pouces cubes. Ce serait une confirmation de la valeur 36, assignée par moi au nombre des pierres de la voûte. Mais ce que ces pierres symbolisent à leur tour, est de même ordre que ce que doivent symboliser dans leur ensemble les passages, en général et en particulier. Ces passages ont en effet chacun leurs significations parfaitement conformes entre elles, et se complétant l'une l'autre, comme les formes extérieures de la Pyramide ont leurs significations astronomiques.

1° Par exemple, les passages ont d'abord pour destination de servir à la circulation des gens et au transport des objets au dedans et au dehors de l'édifice. 2° Ils sont en même temps des lignes commémoratives des pointages faits sur certaines étoiles, à l'époque de la construction de la grande Pyramide, dans un but de chronologie stellaire. 3° On suppose que les dalles du pavé, beaucoup plus larges qu'il ne serait nécessaire pour un simple passage, sont des surfaces commémoratives des faits de l'histoire de l'humanité, considérés d'un point de vue sacré, les uns passés, les autres à venir, et qui seraient exprimés en raison d'un pouce pyramidal pour chaque année.

Je ne fais qu'énoncer cette idée très-brièvement et en passant, uniquement pour indiquer où et comment les mesures récentes ont mis en évidence une autre confirmation numérique, sujet qui terminera ce chapitre.

Le passage d'entrée descendante est considéré, dans cette hypothèse, comme figurant la chute ou décadence de l'homme, opiniâtre et indocile, à partir de l'époque de la dispersion, pour aboutir 4400 ou 4500 ans plus loin à un abîme sans fond, symbolisé par la chambre souterraine, avec sa voûte et ses murs parfaitement terminés, mais sans parquet aucun, dans le sens architectural du mot.

Le premier couloir ascendant qui s'embranche sur le passage d'entrée, à une petite distance de l'orifice, symboliserait le fait de la sélection du peuple juif, du reste du genre humain, pour devenir sous la conduite de Moise, un peuple spécial et choisi, agent de la divine Providence dans Sa volonté de relever et de sauver l'homme de l'abîme effrayant dans lequel les futiles inventions de son esprit devaient le précipiter. Cette sélection eut lieu 984 ans après la dispersion, et la pente ascendante du passage signifie la promesse d'un avenir meilleur.

La grande galerie, qui commence à 1 542 pouces de distance de ce couloir ascendant, ou après 1542 années de l'histoire des Juifs, indique peut-être la date de la naissance chez eux, de Jésus-Christ, au sein de la Judée.

La gueule du puits qui s'ouvre dans la grande galerie à 33 pouces de son entrée septentrionale, indiquerait la mort de Jésus-Christ ou sa descente aux enfers. La pierre qui fait saillie sur la gueule du puits symbolise le retour des limbes, qui devaient forcément rendre Jésus-Christ à la lumière; et la hauteur de la grande galerie, plus grande dans le rapport de 340 à 53, que celle de tous les autres passages, signifie éloquemment la supériorité de la loi évangélique sur la loi mosaïque.

Mais dans l'histoire de ce passage d'entrée qui, comme nous l'avons dit, en servant de ligne de mire, nous a donné astronomiquement la date de la fondation de la grande Pyramide, ne trouvons-nous rien qui nous indique aussi l'époque de l'avénement du Christ ?

La date 2170 avant Jésus-Christ de la fondation de la grande Pyramide nous a déjà été donnée par un calcul astronomique ; et si le symbolisme dont nous parlons ici a quelque réalité, nous trouvons la date de la naissance du Christ sur le mur colossal nord, de la grande galerie, que l'on voit s'élever tout à coup de 53 pouces, hauteur du premier couloir ascendant, à 340 pouces hauteur de la grande galerie. Partant donc de ce point d'élévation soudaine, mesurons en revenant sur nos pas, le long du pavé du passage ascendant jusqu'à sa jonction en bas avec le passage d'entrée, et de là le long du pavé du passage d'entrée dans la direction de son embouchure, une longueur totale de 2 170 pouces pyramidaux, et voyons si au terme de cette longueur, nous ne rencontrerons pas quelque chose d'insolite.

C'est au fond la question que formulait l'année dernière un Irlandais, M. Charles Casey, lorsqu'il demandait d'autres preuves que celles qu'il connaissait déjà, pour ne plus hésiter à voir dans la grande Pyramide un monument sacré avec une signification chrétienne, ou érigée prophétiquement dans un but chrétien.

J'ai donc fait pour lui cette recherche, en revenant sur l'ensemble des mesures publiées dans *Vie et Travaux* et j'ai trouvé au terme de ces 2 170 pouces, ou très-près, une particularité vraiment insolite, dans les joints des pierres des murs du passage d'entrée. On y voit en effet, deux joints presque parfaitement verticaux, tandis que tous les autres joints sont perpendiculaires à l'axe incliné du couloir d'entrée.

Cela posé, dans le grand passage d'un édifice où il n'y a ni inscriptions, ni peintures, la verticalité de deux joints particuliers, semble être comme une préparation à l'érection de l'édifice. Voyons donc quelles sont les dates que ces joints doivent symboliser dans l'hypothèse que nous avons admise plus haut.

Sur le côté est, ces deux joints verticaux viennent toucher le pavé à des distances de l'entrée nord de la grande galerie mesurées par les chiffres

2 174,9   2 238,8

sur le côté ouest, ces deux mêmes distances sont

2 178,0   2 237,6

et la première de ces deux distances est celle qui représente le mieux la date astronomique de la fondation. Mais les joints de l'est et de l'ouest ne sont pas, en cet endroit, dans une symétrie aussi parfaite que celle à laquelle les constructeurs s'astreignaient rigoureusement quand il s'agissait des parties essentielles de leur grand œuvre, et que l'on retrouve partout où il s'agit de signaler quelque circonstance importante. Comment donc choisir entre les deux murs de l'est ou de l'ouest? Je me suis rappelé qu'un peu au sud des deux joints verticaux, il existe sur les deux murs, des traits tirés à la règle avec une rectitude incomparable. Je les ai décrits dans *Vie et Travaux* (vol. II, p. 27), mais je n'avais pas mesuré alors leur distance aux deux joints verticaux. Quelques mois après avoir pris toutes mes mesures en cet endroit, je trouvai sur le côté ouest de l'encastrement ou soubassement sud-ouest, tout récemment découvert par MM. Aiton et Inglis, un trait tiré aussi à la règle et tellement semblable aux deux autres, que je n'hésitai pas à conclure : que les traits des deux murs du couloir ont été tracés par la même main qui avait dessiné toutes les proportions de la grande Pyramide; que cette main n'a pu être que celle de l'architecte lui-même; et que si c'est en effet l'architecte qui a tracé ces deux lignes du couloir avec une si grande rectitude, ce doit être, vraisemblablement, pour symboliser quelques faits mémorables.

J'ai donc écrit l'année dernière à mon ami M. Waynman Dixon C. E., alors engagé dans la construction d'un pont sur le Nil, le priant d'aller à la grande Pyramide et de mesurer la distance des traits, au plus bas des joints verticaux de chaque mur, au niveau du pavé. Il s'est empressé d'exécuter ce petit travail, avec le concours de son ami, M. le docteur Grant, médecin du gouvernement du Caire, qui l'a accompagné, il a pris lui-même les mesures en duplicata et me les a transmises.

Ces mesures reçues et appliquées par moi à la détermination des deux seuls traits rencontrés sur toute la longueur du couloir, et tracés très-probablement par l'architecte lui-même, j'ai trouvé pour leurs distances entières :

Sur le mur est,   2 170,5

Sur le mur ouest 2 170,4

Ces deux nombres, on le voit, s'accordent admirablement entre eux, et avec la date astronomique de la fondation de la grande Pyramide. Ce résultat est d'autant plus merveilleux qu'il provient de mesures prises et réduites en nombre par moi depuis très-longtemps, à l'exception de celles que je dois à MM. Dixon et Grant, et dont ils se portent tous deux garants d'une manière indépendante.

XV

Conclusion

Passons maintenant en revue, d'une manière rapide, les principaux faits saillants et caractéristiques dont nous avons prouvé l'existence dans la grande Pyramide, en soumettant chacune de ses parties à un examen consciencieux, accompagné de nombreuses mesures et de raisonnements sur les résultats obtenus à la seule lumière de la science moderne.

Ce procédé ne nous conduit pas à des conquêtes ou à des théories semblables à celles de la science du jour, ni à rien qui puisse les remplacer. Mais il nous a révélé un très-grand nombre de faits attestant, de la part de l'architecte ancien, une connaissance profonde et pra-

tique de nombres et de mesures hautement scientifiques,
prises soit dans les cieux, soit au-dessus et au dedans de
la terre, qui ouvrent à l'histoire de l'humanité un nouveau chapitre que n'auraient jamais pu ouvrir toutes les
recherches littéraires faites par les érudits, parce
qu'aucun des matériaux sur lesquels aurait pu s'exercer
l'activité des savants des écoles, ne remonte à une
époque aussi reculée que la grande Pyramide; et aussi
parce que les recherches de la science pure ne peuvent
s'exercer que sur des éléments abstraits, indépendants
du temps et du lieu, et ne peuvent contenir en eux-
mêmes aucune allusion à l'histoire de l'humanité!

Il en est tout autrement de la grande Pyramide, car
tout en elle se rapporte à l'homme. Sa masse et les éléments de sa masse rappellent et symbolisent nombre de
faits, dont la signification pleine et entière, ne frappe
pas immédiatement le regard, mais qui se dressent tout
à coup avec solennité. Quelle importance, par exemple,
ne présente pas le fait de la détermination de la date,
non pas seulement relative, mais absolue, de la construction d'un édifice qui est incontestablement le monument
architectural le plus ancien, l'œuvre de l'homme intellectuel la plus reculée, qui remonte presque à la dispersion du genre humain et qui constitue par conséquent
une limite que toutes les autres histoires de l'humanité
ne sauraient atteindre.

Inébranlable dans sa masse plus que cyclopéenne, la
grande Pyramide n'aurait-elle eu à remplir que sa mission chronologique, qu'elle aurait rendu à la vérité de
la sainte Bible un témoignage plus éclatant que celui de
tous les autres monuments élevés à la surface de la terre.
En effet, la tradition biblique diffère de toutes les autres
traditions humaines par ce fait caractéristique qu'en in-
troduisant dans le monde une cosmogonie qui, pour la
formation de la terre, autorise des milliers de milliers
d'années, elle n'assigne pas une très-longue durée à
l'existence de la vie intellectuelle à sa surface. Or ce que la

sainte Bible nous apprend, approximativement, des dates assez peu reculées du déluge, de la dispersion, de l'exode, de l'avénement du Christ, la grande Pyramide nous le redit avec une exactitude de données numériques, incomparablement plus précise que ne peut le faire la sainte Bible, dont les diverses versions nous donnent des nombres différents ; et d'où l'on a pu faire sortir soixante-quinze systèmes de chronologie biblique souvent très-différents, comme M. l'abbé Moigno le constate dans ses *Splendeurs de la foi.*

Mais la chronologie n'est nullement tout ce que la grande Pyramide éclaire de sa vive lumière. Chacune de ses particularités essentielles, dès qu'elles ont été établies soigneusement et scientifiquement, fournit d'elle-même quelque application, quelque élucidation, quelque illustration, sinon des théories modernes sur le développement progressif à travers de longs âges et dans diverses conditions de la vie, au moins du grand drame humanitaire qui s'est joué dans les plaines de l'Egypte : déroulement mystérieux de certains grands problèmes relatifs à la vie et à la mort, survenus bien avant que les événements nés de l'action spontanée et indépendante de l'homme eussent commencé à laisser partout des souvenirs permanents, et qui cependant ne remontent pas chronologiquement à plus de 4100 ans. A ce point de vue, quoique tout simplement de pierres et de mortier, certains traits de la grande Pyramide mettent pleinement en évidence les objets et les buts qu'ils ont pour mission définitive de matérialiser et de symboliser dans les conditions que voici :

1° Quoique située en Egypte, la grande Pyramide n'est nullement égyptienne ; c'est-à-dire qu'elle n'a absolument aucun des traits caractéristiques du génie égyptien fatalement idolâtre, d'une idolâtrie grossière et obstinée. La grande Pyramide, en effet, est absolument pure de toute idolâtrie, rien en elle ne rappelle ni les faux dieux, ni les personnages prétendus saints ou déifiés. On n'y rencontre aucune trace de légende héroïque, elle ne renferme même rien en l'honneur des glorieux architectes qui ont présidé à sa construction. En un mot, à l'exception de quelques simples marques de carrière, trouvées récemment, dans les quarante dernières années, sur quelques pierres cachées dans la masse de la maçonnerie, et mises au jour par des brisures accidentelles, on ne rencontre nulle part, sur ses murs, ses voûtes ou ses pavés, aucune inscription qui puisse rappeler, de près ou de loin, le nom ou la patrie de celui qui éleva le premier le plus grandiose des monuments bâtis en pierres par la main de l'homme; et cela dans un pays et au sein d'un peuple qui se sont fait remarquer entre tous par leur longue habitude de couvrir les murs de chacun de leurs édifices de peintures, de sculptures et de hiéroglyphes en l'honneur de ses rois et de lui-même.

2° Si la Pyramide n'est pas chronologiquement, et d'une manière absolue, le plus ancien des monuments de l'Égypte, en ce sens qu'elle aurait été précédée par quelques petites constructions très-secondaires qui n'ont jamais rien présenté de remarquable, et qui, à présent, ne sont plus que des amas informes de matériaux en désordre, la grande Pyramide n'en est pas moins pratiquement le plus ancien des édifices de l'Égypte et du monde, le plus colossal, le plus élevé, le mieux bâti, le mieux conservé, le plus savamment entendu, le plus riche en preuves frappantes d'une science très-avancée, dont on peut dire en toute vérité qu'il est le plus incontestablement original, qu'il n'a pas été copié sur un modèle antérieur, mais qu'il a servi de modèle aux autres Pyramides, lesquelles toutefois sont restées à très-grande distance de lui. Son architecte a dû tout inventer pour lui seul, il a fallu qu'il fît lui-même l'éducation des innombrables ouvriers qui travaillèrent à sa construction. Comment, par quels moyens, ce grand génie a-t-il pu soulever et mettre en place les pierres gigantesques que l'on voit à toutes

les hauteurs de sa masse formidable ? C'est ce qu'Hérodote se demandait déjà avec admiration et avec étonnement à l'enfance du monde industriel, alors que la science
apparaissait à peine sur le seuil des académies les plus
célèbres. Mais il est un problème incomparablement plus
difficile encore à résoudre ! Où cet architecte incomparable a-t-il puisé son plan d'ensemble et les détails essentiels ? Qui a pu lui révéler les dimensions qu'il avait à
donner à chacune des parties constituantes de l'édifice,
pour que se fondant dans une mystérieuse harmonie, sa
longueur, sa largeur, sa hauteur, l'angle d'inclinaison de
ses faces, son volume, son poids, tout en un mot, fût dans
une liaison intime avec les éléments principaux du globe
terrestre, et la place que ce globe occupe dans le système
solaire ? Voilà le mystère des mystères, une énigme d'autant plus indéchiffrable que l'on ne retrouve nulle part,
dans les pyramides postérieures à la grande, aucun de ces
traits révélateurs, aucune de ces indications prophétiques
en relation directe avec une grande théorie cosmogonique, qui semblent s'être montrées une fois pour disparaî-
tre ensuite sans retour.

3° La grande Pyramide a pris au sommet de sa propre
colline une position tout à fait exceptionnelle et grandement remarquable. Elle est plus au nord que toutes les
autres pyramides, elle est leur aînée dans le temps et
dans le lieu. En outre dans sa géographie, et sa topo-
graphie, et son orographie, elle se différencie de la
manière la plus frappante. Elle est juste au centre du
secteur qui forme la basse Egypte, et la basse Egypte
elle-même, comme le prouvent toutes les mesures
modernes, est le centre de la portion superficielle solide
du globe terrestre ; de sorte qu'à son tour la grande
Pyramide est le monument le plus central de tous les
pays habités par l'homme. Sous ce rapport comme sous
tous les autres, la grande Pyramide n'a eu ni antécédent
ni conséquent ; elle subsiste seule, en elle-même et par
elle-même, ayant vu se dérouler devant elle et autour

d'elle, pendant de longs âges, tous les principaux événements de l'histoire de l'humanité.

4° Examiné en lui-même avec assez d'attention et d'intelligence scientifique, quoiqu'il ne révélât rien, absolument rien, aux Égyptiens idolâtres du monde antique, quoiqu'il ne soit pour les savants égyptologues modernes qui cependant affirment hautement leur compétence en cette matière (et qu'il ne soit qu'un simple accident de construction ou de maçonnerie), chacun des traits principaux ou essentiels de la grande Pyramide a sa signification symbolique très-nette et très-précise ; toujours en rapport intime avec quelque grande vérité mathématique, physique, astronomique, etc., etc.; vérités toutes en dehors et au-dessus des intelligences les plus élevées, non-seulement de cette contrée et de ce temps, mais de tous les lieux et de tous les temps, en y comprenant même l'Europe du moyen âge. En effet, la science de la grande Pyramide n'a absolument rien de commun ou d'analogue avec ce qu'on nomme le corps de la science égyptienne antique, ou la science profane de tous les peuples.

5° La singularité de la grande Pyramide se dessine jusque dans les parties qui semblent lui être communes avec toutes les autres. Elle a sa chambre du Roi, et dans sa chambre du Roi son sarcophage, que l'on a toujours considéré comme ayant renfermé le corps du roi qui la fit élever. Mais rien, absolument rien, ne prouve que le sarcophage ait reçu sa destination ordinaire ; tout prouve, au contraire, que c'est un simple coffre constituant par sa forme et ses dimensions, la solution pratique du grand problème de la métrologie rationnelle, fondée sur les données fondamentales de la géométrie et de la physique du globe terrestre, et dans une liaison intime avec l'édifice tout entier de la grande Pyramide, en ce sens que toutes ses parties principales et secondaires sont des multiples exacts des étalons ou unités de mesure qu'il fournit.

6° La grande Pyramide nous révèle en outre, entre ses formes extérieures et ses formes intérieures, entre ses grandes et petites factures des rapports de commensurabilité, de proportion, de réciprocité, vraiment extraordinaires ; de telle sorte que les grandes idées scientifiques que la Pyramide avait à symboliser et à monumentaliser, sont comme infiltrées dans tous ses éléments ou dans toutes les pierres de sa masse, et que tout en elle révèle une intelligence de l'ordre le plus élevé, toujours présente, et dans les grands traits de l'ensemble, et dans les plus petits traits de détail.

7° Si nous considérons la science moderne dans ses longs développements, à partir de son premier essor, et dans l'accumulation progressive de ses faits et de ses théories, pendant trois mille ans, et que nous la comparions à la science de la grande Pyramide, née spontanément, avant toute école et toute académie, science parfaite dans toute l'acception du mot, et parfaite dès son début, dès le premier et unique instant de sa manifestation, nous aurons à constater que la différence des deux sciences consiste moins dans l'exactitude des résultats définitifs, que dans les difficultés énormes, les efforts laborieux les frais exorbitants à travers lesquels la science moderne est entrée en possession de ses trésors.

L'aridité effrayante de ses discussions mathématiques complétement inabordables à la grande masse de l'humanité, les observations innombrables qu'elle a dû entasser d'âge en âge, sans aucune interruption, sur toute la surface du globe, au sein de toutes les nations civilisées, pour conquérir un nombre relativement petit de faits et de données simples en elles-mêmes, mais dont le sens devait rester caché, aussi longtemps qu'une armée de savants et de calculateurs, de génération en génération, n'auraient pas dépensé les fonds largement votés par les gouvernements pour leur réduction, leur comparaison, leur interprétation mathématique et physique ; aussi longtemps aussi que les rayons étagés de nos biblio-

thèques n'auraient pas plié sous le poids de volumes
énormes pleins de symboles abstraits, de formules dé-
mesurément longues, de calculs à perte de vue, d'évaluation des erreurs probables et des approximations obtenues, etc., etc. Et tout cela pour aboutir à quoi ?
aux données même les plus élémentaires qui intéressent
le genre humain.

Considérons, par exemple, la distance moyenne du
soleil à la terre, quantité qui est la base de la première
des sciences, de l'astronomie. Il y a douze ans à peine,
la science moderne ne la connaissait que très-imparfai-
tement ; elle commettait sur sa valeur probable une erreur
grossière, elle la faisait sans sourciller égale à plus de
95 millions de milles, elle acceptait avec une certaine
assurance pour son chiffre le plus probable 95 233 055
milles, tandis qu'il est aujourd'hui démontré qu'elle
atteint à peine 92 millions de milles.

Elle est forcée de se résigner à commettre des erreurs
semblables ou relativement plus grossières encore, sur
le volume de la terre, et sa densité moyenne, sur la précession des équinoxes, et sur un grand nombre d'autres
éléments essentiels de l'univers. Quant aux orbites des
planètes et des comètes, on dit bien que, théoriquement,
il suffit de trois observations faites à courte distance l'une
de l'autre pour les déterminer. Mais en réalité, ces trois
premières observations sont un prétexte ou une excuse
pour en demander trois autres, qui, à leur tour, en appellent trois autres, et ainsi de suite indéfiniment. De
sorte qu'on pourrait dire que plus un astre a été observé,
plus les astronomes modernes insistent pour qu'il soit
observé encore.

« Quand donc auront-ils assez observé les vieilles planètes ? » demandait un membre du Parlement à tête déjà
grisonnante, qui, toute sa vie, avait réclamé la réduction du budget des dépenses, et qui s'impatientait de
voir d'année en année les fonds publics tomber dans ce
gouffre en apparence sans fond. Et chaque année, on lui

faisait cette même réponse : Précisément, parce que déjà six astronomes royaux ont successivement observé la lune dans notre grand observatoire national, c'est pour leur successeur actuel une raison grave et solennelle de ne perdre ni jour ni nuit, aucune occasion d'ajouter une observation nouvelle à celles déjà amoncelées par ses glorieux prédécesseurs : et il en sera ainsi très-probablement de même jusqu'à la fin du monde. — Et de fait, chaque nouvel astronome royal est pleinement dans son droit, en agissant ainsi. Il n'est pas pour lui de voie qui puisse le conduire plus sûrement et plus rapidement à acquérir lui-même, pour la transmettre aux autres, quelque connaissance exacte de ce que les œuvres de la nature renferment de grandeur, de noblesse, de stabilité, et de sublimité. Quelque belle qu'elle soit, l'astronomie dans ses progrès successifs si lents, n'en est pas moins un exemple frappant de ce qu'est essentiellement toute science humaine, précisément parce qu'elle est humaine ou qu'elle naît de l'homme, qu'elle n'est pas inspirée de Dieu, ou qu'elle n'est pas l'objet d'une révélation divine implicite ou explicite.

Mais dans la science de la grande Pyramide, le caractère humain disparaît entièrement. Quelques milliers d'années après l'apparition de l'homme sur la terre ; quelques années, à peine, après la dispersion du genre humain, un nouveau *Fiat lux* se faisait entendre, appelant comme du néant, une construction véritablement surhumaine ; et la construction surhumaine se fit. Elle se fit en moins de trente ans, elle se fit entièrement complète et achevée, sans que, dans les quarante siècles qui ont suivi, on ait rien eu à retoucher, à modifier ou à perfectionner ; et parce qu'elle n'était pas à proprement parler une œuvre humaine, parce que ses architectes n'étaient que les instruments d'une volonté mystérieuse, elle s'est trouvée renfermant dans son sein des trésors de science tellement avancée, que ceux qui les inscrivaient sur la pierre n'avaient probablement pas la conscience de sa sublimité ; et ces trésors ne se sont révélés que beaucoup plus tard, comme formant la synthèse numérique anticipée de tous les grands phénomènes de la physique du globe.

Un des principaux desseins de la Providence dans cette matérialisation des données numériques essentielles du monde terrestre, était sans aucun doute de mettre l'homme en possession d'un système complet de mesures de longueur, de surface, de volume, de poids, d'angles, de temps, etc., applicable à tous ses besoins et à tous ses usages, besoins personnels, ou besoins de relations commerciales, dans tous les temps et dans tous les lieux ; système éminemment savant et rationnel, basé sur un ensemble d'unités ou d'étalons non pas arbitraires, mais essentiellement naturels, et ayant tous une signification féconde ; formant comme une progression continue de proportions harmoniques, réglant les plus petits ouvrages de l'homme comme les plus grands mécanismes des cieux.

Jamais, en fait de poids et de mesures, une idée aussi vraie et aussi élevée n'avait illuminé l'esprit d'un législateur. Ce n'est qu'à la fin du dernier siècle, que la pensée de demander au globe terrestre, l'unité ou étalon de toutes les mesures s'est présentée à l'esprit des savants ; et c'est à la France que revient l'honneur de l'avoir réalisée sous la forme de *système métrique*. Mais, parce que c'est un système humain, il est essentiellement imparfait ; la dix-millionième partie d'un méridien, alors qu'il existe un nombre indéfini de méridiens de longueurs différentes les uns plus longs, les autres plus courts, ne peut être en réalité qu'un être abstrait ou de raison. Et cependant voyez combien la science en est fière et combien elle fait d'efforts pour le faire adopter universellement. Jamais question internationale ne fut tant et si fructueusement agitée ; jamais cause ne fut plus éloquemment plaidée ; jamais entreprise ne fut poursuivie avec autant de ténacité ; jamais on n'eut autant recours à la persuasion, à l'adresse, à la force pour faire adopter le système métrique par les populations qui le repoussent instinctivement.

Au contraire, parce qu'il était jusqu'à un certain point l'œuvre de Dieu, comme toutes les œuvres de Dieu, le système de la grande Pyramide, tout admirable qu'il soit, est resté enveloppé de mystères, et comme enseveli dans un profond secret, quoiqu'il eût été déposé dans les flancs d'un monument unique et solennel entre tous, élevé au centre même du monde ancien et moderne, accessible aux regards de la terre entière. Il y a plus ; maintenant que ce monument incomparable est mieux étudié, que les trésors de science qu'il renferme ont été enfin révélés, qu'on ne peut plus se faire d'illusion sur la synthèse grandiose du système de mesures qu'il abrite sous ses murs, monument et système restent encore incompris et inapprouvés d'intelligences cependant très-élevées, qui ont encore le triste courage de leur préférer des œuvres humaines et des systèmes humains. Voici une preuve trop éclatante de ce dédain.

Il y a quatre ans à peine, un personnage très-haut placé dans la société anglaise, sir William Armstrong, formulait en ces termes devant un auditoire d'élite l'impression née dans son esprit du rapprochement de la grande Pyramide et du canal de Suez :

« La contemplation du nouveau canal de Suez nous
« amenait naturellement à le mettre en parallèle avec
« les restes voisins de l'antiquité égyptienne. Sous le
« rapport de la quantité de matériaux mis en mouve-
« ment, le canal de Suez l'emporte de beaucoup sur la
« grande Pyramide ; au point de vue intellectuel et moral
« il lui est infiniment supérieur. L'œuvre antique est un
« monument inutile de la paresseuse vanité du tyran,
« tandis que l'œuvre contemporaine témoigne hautement
« de la science pratique et de l'esprit utilitaire de nos
« temps modernes meilleurs. »

Je n'ai pas fait sans regret cette citation douloureuse. Elle met par trop en évidence la vanité et la légèreté de jugement des hommes formés par la civilisation et l'éducation des temps actuels. Il est impossible de plus oublier ou méconnaître les principes de vérité et de justice qui doivent présider à toute comparaison, surtout quand cette comparaison a par elle-même une très-grande portée. Quoi! dans le parallèle entre la grande Pyramide et le canal de Suez, sir William Armstrong s'empresse de proclamer la supériorité de l'œuvre moderne, sans tenir aucun compte de cette circonstance si grave, qu'alors que le monument ancien s'est élevé comme par enchantement, le monde entier, à mille ans de distance du déluge, comptait à peine un demi-million d'habitants ; que l'architecte improvisait une œuvre colossale, sans précédent, sans modèle, etc. Sir William oublie qu'aujourd'hui le monde compte plus d'un milliard d'habitants, qu'ils ont à leur disposition de nombreux chevaux, des machines plus puissantes encore que tous les chevaux, l'expérience de tous les âges antérieurs, les inventions d'une nuée de génies qui se sont succédé depuis quatre mille ans. Il oublie que les entrepreneurs du canal de Suez disposaient largement de la fortune de plusieurs grandes nations; que leurs ingénieurs et leurs employés étaient largement rétribués; que le travail de leurs machines était payé au poids de l'or; et qu'en définitive, il ne s'agissait que de travaux de déblais et de remblais que l'industrie des chemins de fer avait appris à faire et à défaire sur une immense échelle ; que de l'aveu de sir William Armstrong lui-même, les matériaux à mettre en mouvement étaient simplement des masses de terre, de sable ou de limon, élevées à une très-faible hauteur, ou transportées à une très-petite distance. Au contraire, l'architecte de la grande Pyramide n'avait à offrir à ses primitifs fellahs qu'un très-minime salaire, consistant peut-être dans des aliments insuffisants ; leurs outils et leurs machines étaient l'enfance de l'art ou du métier : et ils avaient à tailler, à polir, à élever à une très-grande hauteur des blocs énormes de pierres, disposés dans l'ordre le plus parfait, de manière à constituer une œuvre architecturale en pierre qui a été à la fois et le début et le dernier mot de l'art, et qui est restée jusqu'ici sans égale, tant pour la majesté de l'ensemble que pour l'exactitude absolue de tous les détails. Ne sommes-nous pas en droit de dire qu'à moins qu'il ne soit entièrement dégénéré de ce qu'il était dans les âges de la vie patriarcale (alors que Dieu daignait entrer souvent en communication directe avec lui), il n'y a rien d'extraordinaire à ce que dix mille hommes d'aujourd'hui aient pu faire autant qu'un seul homme à l'époque de la grande Pyramide ! Et célébrer avec tant d'éclat la gloire des dix mille braves de l'époque moderne, n'est-ce pas une sanglante ironie?

Le panégyriste enthousiaste du développement scientifique et industriel des derniers âges, y réfléchissait-il bien lorsque, dans son lyrisme, il se laissait aller à appeler la grande Pyramide un monument inutile de la paresseuse vanité d'un tyran, et le canal de Suez un monument supérieur au point de vue moral et intellectuel? Nous avons, il nous semble, assez fait ressortir dans les pages qui précèdent, beaucoup de ce que la grande Pyramide renferme d'intelligence élevée et de morale très-pure. Quant au canal de Suez, œuvre purement matérielle, aujourd'hui qu'il est plus parfaitement connu et pratiqué, que pouvons-nous y voir autre chose qu'un moyen précieux de rendre plus prompt, non plus sûr, le commerce avec certaines contrées lointaines; une occasion favorable offerte à des négociants déjà riches de multiplier leurs relations avec l'Orient, pour s'enrichir plus encore; mais non sans que la santé et la vie des pauvres mécaniciens et des chauffeurs condamnés à habiter les cales trop peu profondes de ces navires plats, appropriés à la traversée du canal et de la mer Rouge, sous un ciel de feu et dans des eaux si fortement échauffées par le soleil, soient gravement compromises. Si une semblable entreprise devait être considérée *comme la plus haute expression au point de vue intellectuel et moral de ces temps meilleurs* de civilisation avancée, ce ne serait pas un grand honneur pour notre siècle. Il me semble qu'elle devrait céder le pas à beaucoup d'autres bien plus dignes de l'intelligence humaine, et qui sont en cours d'exécution : la détermination de la véritable distance de la terre au soleil, par des observations plus nombreuses, plus variées et plus exactes du passage de Vénus sur le soleil; l'adoption définitive d'un système de mesures qui soit parfaitement en rapport avec les besoins de l'homme, et qui rendront plus faciles et plus agréables les relations entre tous les peuples; des recherches d'ensemble, sur un nombre de points suffisants, de la densité moyenne et de la température moyenne à la surface de notre globe; la fixation avec une certitude suffisante de la chronologie de la terre et de l'homme, ou la date et les conditions psychrologiques de son apparition sur la terre; la position dans l'espace du soleil central de l'univers étoilé, les tendances et l'avenir de l'humanité, etc. Ce sont là les grandes questions qui préoccupaient l'esprit élevé de l'architecte de la grande Pyramide, et dont il a matérialisé en quelque sorte la solution dans un monument impérissable, qui ne devait, qui ne pouvait être déchiffré qu'alors que la science dans son développement progressif, les aurait à son tour abordées. Mais, hélas! ces questions grandioses, parce qu'elles ne s'escomptent pas immédiatement en argent ou en bien-être (les grandes nécessités des temps modernes), peut-être aussi parce qu'elles sont trop calmes, et, si nous osions le dire, trop pacifiques pour une ère d'agitation et de bruit, ne disent rien ou presque rien à l'esprit des gens affairés qui se nomment *le million* ou *la légion*. Pour eux, pour le très-grand nombre, le seul critérium certain de la vie et de la grandeur véritable, c'est le progrès matériel, et par conséquent le commerce des nations, la grande industrie, la colonisation lointaine, etc. Voilà ce à quoi on fait servir, presque exclusivement, jusqu'aux conquêtes de la science pure, et le pouvoir qu'elle a donné à l'homme de dompter et de diriger à son gré tous les agents pondérables et impondérables de la nature; sans même que, dans sa préoccupation fébrile, les maîtres du jour s'aperçoivent, ou du moins fassent semblant de s'apercevoir, de l'affreuse réaction morale amenée forcément par le développement exagéré des intérêts matériels : ils ne voient pas que le crime lève de plus en plus sa tête hideuse et s'apprête à régner en souverain; que les violences, les homicides, les suicides, les fraudes de toute espèce, vont se multipliant avec une effrayante rapidité; en même temps qu'une nouvelle industrie qui dissimule sa perversité sous le nom d'agiotage, mais qui n'est en réalité que l'escroquerie financière systématisée et organisée, menace de prendre des proportions assez gigantesques, pour épuiser les ressources de plusieurs des gouvernements du monde.

Il est un autre caractère plus douloureux encore de notre époque, qui aurait dû arrêter le savant industriel dans sa désolante comparaison de la grande Pyramide, monument d'une ère de paix, et l'isthme de Suez, nécessité aussi pour le transport rapide des soldats et des canons, qu'il doit à l'art de la guerre une grande partie de sa gloire et de sa fortune. Tout ce que la science et le génie d'invention ont amassé goutte à goutte dans un but de progrès et de paix, est fatalement dépensé à torrents pour les besoins impérieux de la guerre ; comme si on voulait justifier la vieille étymologie biblique, qui fait perversité et guerre synonymes d'inventions humaines. L'entraînement est tellement fatal et irrésistible, que si une âme chrétienne, en voie de combiner sans en avoir assez la conscience, de nouveaux moyens de destruction, s'arrête inquiète et épouvantée, on s'empresse de la rassurer et de l'encourager par ce cruel sophisme, que plus les armes de combat seront meurtrières, moins la guerre sera possible. Aussi un concours est ouvert à qui, homme ou nation, inventera les moyens de destruction les plus infailliblement et les plus horriblement meurtriers; et autant les gouvernements sont lents à encourager les

savants et les inventeurs quand il est question de faire
servir les données déjà acquises à la conquête de vérités
naturelles, autant ils sont empressés à accueillir et à
payer largement les industriels assez heureux pour
pouvoir leur apporter un canon, un fusil, une torpille,
un agent explosif ou incendiaire, qui sèment mieux et
plus vite la destruction et la mort. N'entendions-nous
pas dire tout récemment, dans l'une des conférences de
l'*United service Museum* de Londres, que la fonte d'un
nombre suffisant de modèles d'un seul des canons de sir
William Armstrong avait coûté plus de 6 millions de
francs, et que les dépenses d'essai de ces mêmes modèles
avaient atteint le chiffre énorme de 25 millions ; et tout
cela pour aboutir au rejet définitif ou à la condamnation
de l'arme ruineuse.

Or, rapprochement singulier, 25 millions de francs
représenteraient précisément, d'après des calculs modernes, ce que l'architecte de la grande Pyramide a dû dépen-
ser pour élever son monument considéré simplement
comme œuvre de maçonnerie ; ou du moins ce qu'elle
coûterait aux tarifs actuels de matières premières et de
main-d'œuvre. Si donc nous comparions ce qu'ont produit 25 millions de francs à l'époque de la grande
Pyramide, et de nos jours, nous trouverions : d'un côté,
un édifice grandiose, expression d'une idée noble et pure,
qui cache dans son sein des trésors de science, d'instruction, de souvenirs historiques, qui a précédé la civilisation humaine et qui lui survit, qui n'a jamais été surpassé
comme travail de la pierre et comme symbolisation des
connaissances qui intéressent le plus l'humanité ; de l'autre, le simple essai d'une arme homicide, dont la supériorité, sur les armes connues ou sur tant d'autres inventions du même genre, était si peu appréciable, qu'elle a
été abandonnée et remplacée par une autre arme plus
nouvelle et plus meurtrière, après une demi-douzaine
d'années.

Et à quoi ont abouti ces inventions entassées sur des

inventions dans le seul but de détruire l'homme sur une plus grande échelle que jamais, œuvre spécifique de ces temps que nous osons fièrement appeler *meilleurs ?* Ce n'est certes pas l'extinction tant exaltée à l'avance de la guerre entre les nations civilisées; car nous avons eu la guerre des Français et des Anglais contre les Russes, des Prussiens contre les Danois, des Autrichiens et des Prussiens, des Français et des Italiens contre les Autrichiens, des Français contre les Mexicains, des Allemands contre les Français, des Espagnols contre les Espagnols. Tout cela en moins de vingt ans ! Le sol tremble encore, et qui sait si dans deux ou trois ans, la France, l'Autriche et la Russie ne seront pas, sur un immense champ de bataille, debout contre l'Italie, la Suisse et la Prusse ? Ce serait alors l'Europe, la terre de la très-grande civilisation, qui serait insurgée tout entière contre elle-même.

Mais il y a quelque chose de plus douloureux encore que la guerre, même que la guerre universelle déchaînée à une époque où l'on n'a jamais tant parlé de paix. *Pax, pax, et non erat pax!* C'est le caractère effrayant de sang-froid qui a présidé aux préparatifs et à la conduite de la dernière guerre. Je ne parle pas de l'effrayante rapidité avec laquelle, grâce aux chemins de fer, les deux armées se sont précipitées l'une contre l'autre, dans des batailles gagnées ou perdues ; de la plus grande puissance de destruction accumulée, avec une préméditation et une volonté vraiment infernale, et mise en jeu avec un flegme satanique ; du nombre effrayant des victimes. Quoique grandement condamnables, ces excès ne sont pas absolument contre nature. Je parle de l'abandon complet des règles de courtoisie chevaleresque et chrétienne, de loyauté noble et consciencieuse qui, pendant dix-huit cents ans ont présidé aux luttes des nations européennes. Je parle de ce sang-froid odieux avec lequel on couve pendant de longues années le besoin et le désir d'une vengeance sanglante ; avec lequel on profite d'une ère de paix, non pas pour former des corps d'armée régulière, mais pour organiser en armée, dans l'ombre et le silence, une nation tout entière, que l'on versera en onze jours, au moment précis que l'on aura choisi, sur des champs de bataille explorés longtemps à l'avance par les espions les plus habiles. Je parle de cette tactique déloyale, qui consiste à surprendre traîtreusement son adversaire pour l'égorger quand il est endormi ; à opposer partout le grand nombre au petit nombre, à dissimuler sa marche au milieu des sinuosités des forêts ou dans de longs mouvements tournants pour apparaître et tomber sur l'ennemi à l'improviste, l'écraser de loin sous les feux d'une artillerie formidable, et le massacrer à bout portant avant qu'il ait fait ses préparatifs de combat, quand il est hors de la portée de tout renfort. Je parle de ce fatal mépris des droits des combattants et des usages les plus sacrés de la guerre, qui fait des malheureux habitants d'un pays la proie spéciale des envahisseurs; qui autorise le chef d'un corps d'armée, dans sa marche à travers la contrée ennemie, à se procurer par des réquisitions impitoyables exercées sur les paisibles habitants des villes et des campagnes, riches, ou pauvres dépouillés de tout et laissés sans aliments, non-seulement les hommes et les chevaux avec les moyens de transport, mais des objets de luxe. Je parle de ces menaces sauvages de bombardement, d'envoi de bombes explosibles et même d'incendie, adressées à des villes et à des bourgs inoffensifs, parce qu'ils ne livrent pas assez promptement les rations attendues par la cavalerie ennemie, et de ces multitudes de paysans impitoyablement condamnés à la faim avec leurs femmes et leurs enfants, sans autre consolation que d'avoir vu épargner leur chaumière, qu'on aurait pu incendier pour apprendre aux autres villes et aux autres bourgs à livrer sans résistance leurs dernières provisions à des soldats dans l'abondance.

Il semblait cependant que la civilisation se fût ajoutée au christianisme pour opposer une digue aux excès de la guerre, que ces deux puissances s'étaient unies pour faire des gens de guerre ou des soldats une classe à part au sein des sociétés modernes ; pour imposer aux chefs de corps d'armée l'obligation sacrée de payer comptant tous les frais de guerre et de ne jamais se départir de certains grands principes de la charité évangélique, etc., etc. Mais, hélas ! toute digue est rompue, ce fut d'abord l'Allemagne, la Prusse si fière du grand nombre d'esprits éminents qu'ont engendrés chez elle les progrès de la philosophie et de la science humaine, qui semble s'être empressée de revenir la première à l'état sauvage, en faisant de chacun de ses citoyens un guerrier. Et voici que toutes les nations de l'Europe, témoins de son succès éclatant, jalouses de ses armements gigantesques, s'empressent de marcher avec ardeur sur ses traces, de sorte qu'il faut s'attendre au premier jour à voir le vieux monde tout entier transformé en un immense camp armé et retranché. Et déjà la grande préoccupation de toutes les têtes couronnées consiste dans les grandes manœuvres militaires, et l'approvisionnement secret d'engins toujours plus nombreux et plus efficaces pour la destruction des pauvres vies humaines.

Voilà dans quels abîmes s'est précipitée la société moderne, en se perdant dans ses propres inventions ; et tout semble indiquer, hélas ! qu'elle s'y précipitera de plus en plus, aussi longtemps que l'homme restera homme, à moins qu'il ne surgisse une intervention surnaturelle, venant arrêter et dompter tout à coup ce génie homicide de la destruction, en rendant toute leur vie et toute leur efficacité aux doctrines pacifiques de l'enseignement chrétien. Oui, sans l'exercice de cette intervention surnaturelle, la perspective de la vie de l'humanité dans l'avenir est sombre à l'excès ; et nous serions condamnés à un affreux désespoir, s'il fallait accepter sans contrôle les affirmations de la science émancipée du jour, qui veut que l'existence du monde soit encore assurée pendant des millions, des dizaines, des centaines de millions d'années ; ou plutôt que le monde qui a toujours été, sera toujours de plus en plus livré à lui-même, à ses caprices et à ses passions.

Il n'y a pas longtemps que cette promesse d'une durée en quelque sorte indéfinie a été faite au monde, par la science moderne, au sein de la Société philosophique de Glascow, dans un savant essai de métrologie, où l'on discutait le choix de l'étalon de mesure linéaire le plus approprié aux besoins de l'époque actuelle et des temps à venir. Je me crois pleinement autorisé à récuser sur ce point capital la compétence de toutes les sociétés philosophiques et scientifiques du monde. Leur science ne mérite pas le nom de *naturelle*, mais de science *sous-naturelle*, si je puis m'exprimer ainsi : or pour le choix d'une unité de mesure, il ne fallait, il ne faut rien moins qu'une science surnaturelle, ou du moins naturelle dans la sublime signification de ce mot, c'est-à-dire d'origine vraiment divine. Il faut cependant savoir gré aux savants écossais d'avoir reconnu qu'il y aurait pour eux et pour qu'ils puissent mieux atteindre leur but d'organisation rationnelle des poids et des mesures, à connaître, sinon exactement, du moins très-approximativement, la durée de l'existence passée et à venir de l'homme intellectuel à la surface de la terre. Ce phénomène qu'on pourrait appeler merveilleux ou même étrange a commencé tout récemment; sa durée n'est qu'un jour dans la longue histoire de la masse matérielle du globe terrestre. Nous en avons ici tous la certitude, et la science elle-même ne laisse à cet égard aucune place au doute. Mais quoique nous puissions aussi savoir ou du moins croire savoir que, physiquement parlant, le soleil ne cessera pas avant cent millions d'années d'éclairer et d'échauffer la terre, les indications de la science ne nous disent en aucune manière que l'existence de l'homme, qui a commencé si longtemps après la terre, ne finira pas longtemps avant la terre. Rien ne nous dit même que la période des races humaines doive être assez longue, pour leur donner le temps de revenir aux tristes jours du cannibalisme, comme la Prusse est déjà revenue à la vie de tribu guerrière, qui est le caractère essentiel des races sauvages. Si nous écoutions au contraire la raison éclairée par l'histoire, l'expérience et la foi, ne nous apprendraient-elles pas que cette période d'existence à venir de l'homme sera tellement courte, que le moment est presque venu pour les hommes de s'écrier, saisis de terreur : *Montagnes, tombez sur nous ; collines, couvrez-nous et cachez-nous aux regards du Dieu de la justice et des vengeances.*

Dans ces perplexités effrayantes, combien sont heureux ceux qui demandent aux saintes Écritures, les secrets des destinées humaines, dans le récit véridique du passé, dans la prédiction certaine de l'avenir, dans l'exposé fidèle des règles de conduite surnaturelle qui assurent la transition bienheureuse du présent si fugitif à l'avenir qui ne finira jamais.

Non moins heureux, ou plus heureux encore à un certain point de vue, parce qu'ici la révélation s'exprime par des nombres, sont ceux qui demandent à la grande Pyramide le secret qui lui a été confié, comme aux saintes Écritures, par une révélation mystérieuse, le secret de la durée de l'existence humaine à la surface de la terre dans le passé, le présent et l'avenir.

Ce secret semble avoir été surtout confié à la portion centrale, ce que nous pourrions appeler le cœur de la grande Pyramide, autour de laquelle sa masse entière semble groupée, et où se concentrent, comme dans les saintes Écritures, les rapports de cet impérissable monument avec le divin Médiateur des hommes. Là, en effet, par sa hauteur excessive, sept fois plus grande que celle des autres passages, la grande galerie semblait nous inviter à lui demander la clef des mystères qui nous accablaient le plus. Nous avons obéi à son invitation et nous y avons, en effet, trouvé, exprimées à raison d'un pouce pyramidal par année, les données chronologiques fondamentales de l'histoire de l'humanité, gravées sur une pierre indes-

tructible. De la dispersion du genre humain à la tour de
Babel jusqu'à la construction de la grande Pyramide, 353
ans ; de la construction de la grande Pyramide à la vocation
de Moïse, 628 ans ; de la vocation de Moïse à la naissance de
Jésus-Christ, 1,542 ans ; de la naissance de Jésus-Christ à
la fin des temps, ou pour la durée du christianisme et de la
loi évangélique, 1882 ans. Enfin après cette période, et (1),
une autre de très-courte durée, mais de guerre plus universelle, plus athée que jamais, viendra le second avénement de notre bien-aimé Seigneur et maître Jésus-
Christ, revêtu de puissance, de majesté et de gloire, majesté visible apportant aux élus de toutes les nations,
salut, honneur et bénédiction dans les siècles des siècles.

(1) C'est la période cruelle dont le divin Sauveur a dit (Ev. sui
vant saint Marc, chap. xiii, v. 19 et suiv.) : « Ce seront des jours
de tribulations telles qu'il n'y en a point eu depuis le commencement des créatures que Dieu a faites, jusqu'à présent. Et si le
Seigneur n'avait abrégé ces jours, nulle chair n'aurait été sauvée
mais à cause des élus qu'il a choisis, il a abrégé ces jours. » La
date de 1882 signalée par l'extrémité de la grande galerie, n'indique donc pas la date de la fin du monde, mais le commencement de la période de trouble et désolation qui précédera immédiatement la fin des temps, lorsque la grande majorité des hommes
aura complétement rompu avec le christiänisme, quand les sou-
verains de la terre auront cessé d'être chrétiens. 1882, année
fatale pour toutes les religions qui ont conservé le nom de chrétienne, sera même une année de malheur pour l'islamisme qui,
suivant les prophètes, doit cesser d'être un empire, 1,260 ans après
sa fondation. En effet, si on ajoute 1260 à 622, ère de l'Hégire, on
trouve 1882. C'est aussi l'époque de l'apparition de l'Antechrist ou
de la bête de l'Apocalypse. Cette ère d'angoisses semble caractéri-
sée dans le langage de la grande Pyramide par la très-petite hauteur du couloir (le plus petit de tous les couloirs) auquel aboutit
la grande galerie et qui conduit à l'antichambre qui semble être
comme la porte du ciel. Mais il est une autre particularité qui
mérite d'être signalée, et qui apparaît comme une espérance de
salut. A la suite et à côté du trait marquant 1882, commencement de
la grande ère de troubles, on voit à l'angle supérieur de la grande
galerie, du côté du sud-est, apparaître un nouveau couloir qu'on
dirait ménagé pour les élus sauvés par les anges, et qui conduit au
plus bas des plafonds ou cieux qui couronnent la chambre du Roi.

Voilà bien, en résumé, l'ensemble des données prophétiques que la grande Pyramide était destinée à nous transmettre. Je regrette que le défaut d'espace ne me permette pas de les entourer de la confirmation éclatante, qu'elles pourraient recevoir de la discussion de mesures très-exactes prises dans ces dernières années au sein de l'énorme monument, et de les rapprocher des nombreuses allusions qu'elles font naître d'elles-mêmes à des faits importants de l'Ancien et du Nouveau Testament. Qu'il nous suffise d'affirmer de nouveau que ce merveilleux ensemble des données les plus essentielles de la cosmographie et de la physique du globe, condensées et matérialisées dans la grande Pyramide, plusieurs milliers d'années avant qu'elles fussent conquises par la science moderne, avait évidemment pour but d'investir en quelque sorte ce monument incomparable de l'autorité nécessaire pour faire accepter, par ce prétendu siècle de développement complet de l'humanité, la révélation de la date exacte des grands faits de l'histoire de l'humanité : date jusqu'ici cachée, que les seules forces humaines n'auraient pas pu découvrir et qu'une conjuration de la science moderne tend fatalement à reculer indéfiniment en assignant à l'apparition de l'homme sur la terre une antiquité démesurée, démenti effronté donné à la Révélation.

F. MOIGNO.

FIN

APPENDICE

LA GRANDE PYRAMIDE ET LA SOCIÉTÉ ROYALE DE LONDRES

Par M. PIAZZI SMYTH

EX-MEMBRE DE LA SOCIÉTÉ ROYALE

EXPOSÉ DE LA QUESTION

Jusqu'ici toutes mes communications avec la Société Royale avaient eu lieu directement avec le Comité exécutif, c'est-à-dire, le Président, les Secrétaires et le Conseil, qui sont supposés ordinairement représenter la Société entière, nommée *brevitatis causâ*, « la Société Royale » et responsables de tous leurs actes à la Société Royale, comme en définitive la Société est responsable envers ses ayants droit.

Mais comme l'Exécutif est riche en comités secrets et toute espèce de mécanismes occultes, depuis longtemps bannis des affaires politiques de notre pays, — il est très-possible que de certaines choses soient faites par l'Exécutif sans que la plupart des membres de la Société en entendent immédiatement parler, et telles que, s'ils en avaient connaissance, elles seraient peut-être condamnées par eux. Un cas de ce genre vient de se présenter, à propos du sujet le plus élevé et le plus sacré qui puisse être soumis à la considération d'une société scientifique, — la grande Pyramide, érigée *en* Égypte, mais que l'on suppose maintenant, d'après une masse de témoignages

qui augmentent constamment, avoir été construite sous
l'œil même de Melchisédech, et d'après un plan que
l'inspiration divine lui aurait fournie.

Ces déductions historiques si remarquables n'avaient
pas, jusqu'à présent, été introduites comme question à
discuter : il s'agissait seulement de l'exactitude ou de la
fausseté de certaines mesures scientifiques modernes de
la Pyramide, telles qu'elles avaient été publiées dans
les comptes rendus de la Société. Mais comme tous mes
efforts, jusqu'à ma démission de membre de la Société,
n'ont pu aboutir à obtenir de l'Exécutif qu'il fît connaître
aux membres de la Société les véritables faits contro-
versés, et parce que le Président cherche même, par le
moyen du Conseil, à égarer complétement l'opinion des
membres, — je me suis trouvé, pour la première fois
de ma vie, appelé, très-exceptionnellement, d'une manière
impérieuse, à m'adresser directement aux membres de
la Société, en même temps qu'au monde entier, et à
leur communiquer la série suivante de documents échan-
gés entre l'Exécutif de la Société Royale et moi-même
pendant ces derniers six mois.

Document n° 1.

*Piazzi Smyth, F. R. S., au Secrétaire de la Société
Royale.*

27 octobre 1873.

Monsieur,

J'ai l'honneur de vous communiquer un travail appelé
à la faveur d'être lu devant la Société Royale et publié
dans ses *Proceedings*. Ce travail a pris nécessairemen
la forme d'un plaidoyer en faveur de la vérité la plus
élevée, mais il est tellement court qu'il peut être considéré comme n'étant qu'un abrégé.

Je suis, Monsieur, votre serviteur,

PIAZZI SMYTH, F. R. S.

Document n° 2.

Le travail en question est intitulé : *Sur la longueur d'un côté de la base de la grande Pyramide* ; par Piazzi Smyth, F. R. S. Mon attention a été attirée par des remarques qui ont paru dans les comptes rendus de la Société Royale, juin 1873 (pages 407, 408) et qui ont amené le professeur Clerk Maxwell à commettre une erreur sérieuse en parlant de l'Egypte, dans son admirable conférence sur les « Molécules, » faite dernièrement devant l'Association britannique à Bradford.

L'erreur est trop grave pour être passée sous silence — car : 1° elle combat les conclusions des premiers égyptologues de notre époque, sur la question de savoir quelle était la mesure ordinaire et universelle de longueur, la coudée, de l'ancienne Égypte ; 2° elle implique une égalité métrologique entre l'Égypte et la Grèce au lieu de l'Egypte et de Babylone ; 3° la nouvelle longueur attribuée à la coudée ordinaire de l'Égypte, n'a été trouvée par son auteur, le général sir Henry James, R. E., que par les moyens suivants :

I. Un choix injuste parmi les mesures modernes de la longueur d'un côté de la base de la grande Pyramide.

II. Une fausse interprétation de certaines expressions d'Hérodote, qui en dénature le sens.

Ces procédés ont été, il est vrai, mis en lumière et réfutés sous leur vrai point de vue, dans le treizième volume de *Edinbury Astronomical Observation*, p. R 67 à R 72. Mais puisque sir Henri James y revient comme si elles n'avaient jamais été remises en question, puisqu'il les reproduit comme une partie du service géodésique des officiers de l'état-major ; puisqu'elles sont maintenant publiées sous le patronage de la Société Royale , et de plus distribuées par l'Association britannique, de manière à induire beaucoup de monde en erreur ; il me semble nécessaire de protester publiquement, au nom de et dans l'intérêt des trois attributs les plus nobles d'un homme scientifique, attributs auxquels M. Clerk Maxwell a si éloquemment fait allusion en terminant son discours; c'est-à-dire des mesures exactes, des paroles vraies et des actes justes.

Sur la longueur d'un côté de la base carrée de la grande Pyramide, d'après les mesures prises par la science moderne. — Sir Henri James, dans les *Proceedings of the Royal Society*, dit : « les mesures les plus récentes d'un côté de la base de la grande Pyramide, sont celles prises par le Génie militaire anglais et par M. Inglis, un ingénieur civil ; elles donnent comme longueur moyenne 9,120 pouces anglais. Là-dessus, sir Henri James adopte cette quantité, la démontre par une hypothèse dernièrement inventée par lui-même, et ne parle ni des autres mesures ni de l'existence d'autres hypothèses.

Cependant sir Henri James connaissait d'autres mesures. Car dans ce même compte rendu, il cite le colonel Howard-Vyse et M. Perring, pour les longueurs des côtés des bases de différentes autres pyramides, sans cependant donner ces longueurs, tandis qu'il ne les cite même plus pour la mesure beaucoup plus importante du côté de la base de la grande Pyramide. — Il n'avait pas seulement cité les auteurs, à ce sujet, dans un travail précédent, en 1867 ; il avait donné à ces mesures, sous le nom du colonel Vyse et, avec le chiffre de 9,168 pouces, une autorité prépondérante et unique ; sans même permettre au résultat de M. Inglis de figurer à côté.

Et la raison pour laquelle sir Henri James avait si honorablement produit la mesure de 9,168 pouces, de M. Vyse, en laissant de côté la mesure de 9,110 pouces, de M. Inglis, devant le public, en 1867, est qu'il venait alors de publier une hypothèse *à priori* déclarant que le côté de la base de la grande Pyramide *devait* mesurer 9,168 pouces anglais. Tandis que la raison pour laquelle sir Henri James ne cite plus, n'admet pas même l'existence de la mesure de 9,168 pouces, de

M. Vyse, et la remplace de but en blanc par celle de 9,110 quoique les mesures prises par les hommes sous ses ordres aient donné 9,130 pouces, qu'il réduit de sa propre autorité à 9,120 ; c'est qu'il a abandonné sa première hypothèse pour en adopter une autre totalement différente, qui ne demande que 9,120 pouces pour mesure du côté de la base de la grande Pyramide.

En présence d'un procédé si inaccoutumé en matière de science, il ne reste qu'à éclairer la Société Royale sur un autre point, c'est que les mesures de M. Inglis ne devaient point être présentées sous son nom seul, puisqu'il avait été envoyé à la Pyramide par M. Aiton, pour y prendre les mesures d'après les instructions et aux frais de ce dernier. Le nom de M. Aiton devait donc être mentionné quand il est question d'un travail commandé et payé par lui. De plus, M. Inglis a été aidé par moi, à la Pyramide, dans la découverte de deux de ses points de stations, après que tous ses propres efforts avaient échoué; en outre le résultat final des mesures de M. Aiton m'avait été communiqué par lui pour leur publication première, la seule entière et authentique qu'elles ont reçue, c'est-à-dire dans mon ouvrage *Life and Work* publié en avril 1867.

Toutes ces circonstances ont été sciemment omises par sir Henri James, qui aborda le sujet de la grande Pyramide en novembre 1867, en attaquant mon livre qui en contenait la relation détaillée. L'attaque commence ainsi :

« *Bureau des cartes de l'État-major, Southampton.*

« 9 novembre 1867.

« La publication de l'ouvrage si ultra-complet sur la grande Pyramide d'Egypte, par le prof. Piazzi Smyth, m'a conduit à entreprendre l'examen des proportions et des dimensions de cette Pyramide.... » Et alors suit la tentative de faire concorder la mesure du côté de la base de Vyse avec la longueur hypothétique qu'une théorie erronée faisait égale à 9,168 pouces.

Mais quoiqu'il plaise aujourd'hui à sir Henri James de jeter les mesures du colonel Howard Vyse et de M. Perring par-dessus le bord — et qu'il ait amené la Société à consacrer, sans le vouloir, cette condamnation, — la Société peut être assurée que la nation française n'a pas abandonné Howard Wyse, le plus grand de nos explorateurs de Pyramides, et que cette brave nation n'a pas non plus oublié la part prise par ses propres Académiciens à la plus scientifique de toutes les expéditions militaires. Au contraire, ils se rappellent que ce furent les savants de l'Académie franco-égyptienne sous Napoléon Ier qui, les premiers, parvinrent à découvrir deux des seules vraies stations pour les mesures d'un côté de la base, et s'assurèrent par leurs mesures (faites certainement avec non moins de soin et d'habileté que celles qui ont été exécutées par d'autres plus tard) que la longueur d'un côté de la base était visiblement de 9,163 pouces anglais.

Il arriva en effet que, dans ces dernières semaines, une discussion s'engagea dans le journal du savant abbé Moigno, *Les Mondes,* pour savoir si un certain M. Dufeu avait raison de prendre, comme seules autorités dignes de foi pour la longueur du côté de la base de la Pyramide, les mesures des Académiciens et du colonel Howard Vyse, qui donnent une moyenne de 9,166 pouces ; ou si, d'un autre côté, la Société Royale et l'Association britannique avaient eu raison de sembler ignorer complétement ces mesures et d'en publier d'autres, ne donnant pour moyenne que 9,120 pouces.

Mais je m'empresse d'aborder la seconde partie de ce petit travail, et de chercher ce qu'Hérodote a vraiment dit dans le passage dont il est question.

Ce que dit Hérodote par rapport à la longueur de la coudée égyptienne. — Dans les *Proceedings* de la Société Royale, sir Henry James dit : « En ce qui con-

cerne la coudée commune d'Égypte, nous avons l'affirmation d'Hérodote que la coudée d'Égypte était égale à
la coudée de la Grèce, celle de Samos ! »

Il y a trois ans, j'ai eu l'honneur de démontrer devant des érudits ainsi que des savants, qu'Hérodote
n'avait rien affirmé de semblable par rapport à la coudée
grecque. Il a dit que la coudée égyptienne était égale à
la coudée de Samos; mais Samos n'était pas la Grèce.
Bien au contraire, à l'époque dont il s'agit, Samos était
l'ennemie de la Grèce, surtout aux yeux d'Hérodote qui
la considérait comme asiatique et persane; puis, en parlant
de la première attaque de Samos par les Doriens lacé-
démoniens, il appelle leur expédition : expédition en
Asie; expression que, il y a déjà longtemps, le révérend
chanoine Rawlinson a déclarée décisive relativement au
sens qu'Hérodote attachait au terme samien.

C'est dans ce sens aussi, alors qu'il s'agissait d'une
application métrologique (ou de la démonstration du fait
que la coudée samienne est de la même longueur que la
coudée d'Egypte, et toutes les deux les mêmes aussi bien
que la coudée de Babylone, vers 500 A. C., c'est-à-dire
d'environ 20,7 pouces) que Newton, de son temps, avait
compris la phrase d'Hérodote ; et, son opinion a été
suivie par le plus savant de nos égyptologues, sir Gardner
Wilkinson, par le savant babylonien, le docteur Brandis
de Berlin, et par presque toutes les autres autorités de
la métrologie.

Donc, à moins que la Société Royale veuille permettre
à un officier général de chevaucher par-dessus tous les
faits et tous les meilleurs interprètes des faits, depuis
Newton jusqu'à nos jours, elle ne peut pas m'en vouloir
de mettre en lumière encore une fois, dans l'intérêt
général, l'égalité la plus remarquable de toute l'antiquité, c'est-à-dire que, d'après le « Père de l'Histoire, »
la coudée de Samos et la coudée d'Egypte étaient, ainsi
que la coudée asiatique, égales à 20,7 pouces anglais,
à un dixième près. Nous pouvons donc avoir la certitude

absolue que la coudée de Samos ne pouvait pas avoir été de 18,24 pouces anglais seulement comme la coudée grecque. Sir Henry James a donc placé la Société dans une bien fâcheuse position.

Pour lui, supposant par erreur que la coudée de Samos n'avait que 18,24 pouces, il a non-seulement annoncé l'autre jour que la grande Pyramide avait dû être construite de telle sorte que la longueur d'un côté de sa base fût de 500 de ces coudées, c'est-à-dire en tout 9,120 pouces anglais ; mais, afin de montrer une confirmation résolue, pratique de son idée, il a de nouveau fait fermer les yeux sur la liste des meilleures observations du côté de la base de la Pyramide, pour laisser de côté les plus grandes et ne prendre que les plus petites ; et amené la Société Royale à publier ce résultat tronqué, comme si c'était la vérité entière.

La vraie longueur du côté de la base de la grande Pyramide. — Les mesures prises par les arpenteurs modernes, même lorsqu'ils partent des vrais points terminaux de la base de la grande Pyramide, aujourd'hui bien connus, diffèrent entre eux d'une manière lamentable, qu'ils aient mesuré un côté seulement ou tous les côtés d'une base, que tous les observateurs sont d'accord à considérer comme un carré plan horizontal.

Mais quoique différant considérablement l'une de l'autre, les quatre autorités principales et extrêmes peuvent, il me semble, être considérées comme honnêtes et à peu près d'habileté égale. Et s'il est vrai que les résultats obtenus par eux sont :

1° Les Académiciens français, en 1799 et 1800, du côté nord seulement........— 9,163 pouces anglais.

2° Howard Vyse et Perring, en 1837, du côté nord seulement.................— 9,168   —

3° Aiton et Inglis, en 1865, moyenne des quatre côtes.........................— 9,110   —

4° Mesures prises par des arpenteurs de l'état-major, en 1869, moyenne des quatre côtés ....— 9,130   —

la science moderne, il me semble, ne peut pas prétendre trouver le résultat véritable autre part que dans la moyenne de toutes ces mesures. C'est la conclusion à laquelle je m'étais arrêté en 1867, en déduisant, par les raisons données dans *Life and Work*, 9,140 pouces comme la véritable longueur primitive du côté de la base de la grande Pyramide.

Cette longueur moyenne, j'ai pu, depuis quelques mois, démontrer ou confirmer son exactitude d'une manière remarquablement brillante, par les rapports mathématiques entre des mesures beaucoup plus exactes (commencées il y a 230 ans par le professeur Greaves d'Oxford, et continuées par moi) de la salle du Roi dans la grande Pyramide. Mais comme cette confirmation doit être discutée en détail dans un ouvrage à la veille de paraître, je n'appuierai pas sur ce point maintenant.

Passage d'entrée de la grande Pyramide. — Sir Henri James, à la fin du résumé publié dans les *Proceedings* de la Société Royale, fait allusion à la largeur du passage d'entrée de la grande et d'autres Pyramides ; mais il ne cite que certaines mesures prises il y a quarante ans et avec une approximation de un demi - pouce seulement.

Comme un tel procédé tend par trop à retarder la science moderne de la grande Pyramide, et présente sous un faux jour ses propriétés métriques, je prierai la Société de vouloir bien accepter la copie suivante de mes mesures de la hauteur et de la largeur du passage d'entrée de la grande Pyramide, prises, en 1865, sur différents points de son parcours, et que j'ai essayé d'obtenir avec une approximation d'un centième de pouce.

APPENDICE A LA COMMUNICATION DU 27 OCTOBRE 1873

Largeur et hauteur du passage d'entrée de la grande Pyramide, mesurées en 1865, par Piazzi Smyth avec une échelle glissante construite spécialement à cet effet par MM. Cooke, de York ; et corrigée pour indiquer des pouces anglais vrais.

Place des Mesures le long de l'axe du passage en comptant par les joints du plancher	LARGEUR PERPENDICULAIRE A L'AXE DU PASSAGE			HAUTEUR PERPENDICULAIRE A L'AXE DU PASSAGE			OBSERVATIONS SUR LES MESURES — 1er Février 1865
	Près du bas des murs	Près du haut des murs	Largeur moyenne	Près du côté ouest du plancher	Près du côté est du plancher	Hauteur moyenne	
1							
2							Angle d'inclinaison = 26° 27'
3	41.61	41.63	41.62	47.24	47.27	47.26	
4							
5							Hauteur verticale = 52.68 pouces.
6							
7	41.51	41.41	41.46	47.23	47.30	47.26	
8							Endroit supposé des mesures du professeur Greaves.
9	41.59	41.41	41.50	...	...	...	
10							
11	41.59	41.51	41.55	47.30	47.32	47.31	
12							
13							
14	...	...	...	...	...	...	
15	41.59	41.46	41.52	47.16	47.18	47.17	
16							
17							
18							
19							
20							
21	41.45			47.28	47.24	47.21	

Grandes moyennes　　Largeur — 41.53　　Hauteur — 47.24

15, *Royal-Terrace, Edinburgh : 27 octobre,* 1873.

Document n° 3.

Le Secrétaire de la Société Royale à M. Piazzi Smyth, F. R. S.

22 janvier 1874.

Monsieur,

La Sous-Commission chargée de l'examen des mémoires qui doivent être lus devant la Société Royale, a examiné votre travail sur « la longueur du côté de la base de la grande Pyramide, » et émet d'opinion qu'il n'est pas de nature à pouvoir être lu en séance publique de la Société Royale.

Il vous sera rendu par conséquent, ou sur votre ordre, dès que vous en ferez la demande au Secrétaire.

Je suis, Monsieur, votre très-humble et très-obéissant serviteur.

Signé : G.-G. Stokes, *secrétaire.*

Document n° 4.

M. Piazzi Smyth au Président de la Société Royale.

7 février 1874.

Monsieur,

Relativement à ma lettre du 27 octobre dernier, adressée au Secrétaire de la Société Royale et contenant un court mémoire « sur la longueur du côté de la base de la grande Pyramide » destiné à corriger les erreurs publiées par la Société en 1873, d'abord dans ses *Proceedings* et ensuite dans ses *Transactions ;*

Relativement aussi au rejet et au renvoi de ce mémoire par le Secrétaire, parce que la Sous-Commission ne le considérait pas comme de nature à pouvoir être lu en séance publique de la Société ;

Je me hasarde à dire qu'ayant échoué dans tous mes efforts pour ouvrir les yeux de la Société sur la question de savoir si elle désire « des mesures exactes, des paroles vraies et des actes justes, » ou précisément le contraire, dans les recherches concernant le monument le plus ancien, le plus grandiose et le plus religieux élevé de la terre par l'homme intelligence, il ne me reste plus qu'à sortir de la Société, comme je le fais en vous adressant ma démission de membre ; avec l'espoir que vous, Monsieur, au moins, ne considérerez pas les raisons de cette démission « comme étant de nature à ne pouvoir être lues en séance publique de la Société. »

J'ai l'honneur d'être, Monsieur, votre humble serviteur,

PIAZZI SMYTH.

Document n° 5.

Le Président de la Société Royale à M. Piazzi Smyth.

23 février 1874.

Monsieur,

Pour obtempérer à la demande que vous me faites dans votre lettre du 7 courant, et en exécution des statuts prévus et dressés pour les cas de démission, votre sortie de la Société a été annoncée du haut du fauteuil présidentiel à la dernière séance de la Société, et sera enregistrée dans ses minutes, comme il est prescrit par les statuts.

Je suis, Monsieur, votre obéissant serviteur.

Signé : Joseph D. HOOKER, P. R. S.

Document n° 6.

Piazzi Smyth, d'après la teneur de cette dernière lettre, suspecte le Président de la Société Royale de quelque chose de plus que sa lettre ne semble l'indiquer, notamment d'avoir caché à l'assemblée entière de la Société, que la vérité de ce qu'elle avait publié sur la grande Pyramide avait été très-sérieusement révoquée en doute ; par conséquent, il adresse au Président la simple question suivante :

A M. Joseph D. Hooker Esq. C. B. M. D. etc., etc.,
Président de la Société Royale, Londres.

15, Royal Terrace, Edinburgh, 2 mars 1874.

Monsieur.

Vous m'apprenez, par votre lettre du 23 février, que ma démission de membre de la Société Royale a été annoncée du haut du fauteuil présidentiel, à la dernière séance, et doit être enregistrée dans ses minutes ; mais vous ne me dites pas si les *raisons* qui me forçaient à faire cette démarche pénible, avaient aussi été communiquées, ce que je vous avais spécialement demandé de faire.

J'ai donc l'honneur de vous prier à présent, de me faire savoir clairement si les raisons qui me forcent à me retirer, telles que je les avais énoncées dans ma lettre, ont été lues en séance et si elles doivent aussi être enregistrées dans les minutes.

Je suis, Monsieur, votre humble et obéissant serviteur,

PIAZZI SMYTH.

Document n° 7.

Le Président de la Société Royale à M. Piazzi Smyth.

5 mars 1874.

Monsieur,

En réponse à votre lettre du 2 courant, j'ai à vous annoncer qne, en conformité du Règlement, j'ai annoncé à la Société, dans sa première séance après réception de votre lettre, votre démission de membre de la Société Royale ; mais comme la lettre énonçant les motifs de votre retraite est de la nature d'une communication à la Société, et semble contenir des réflexions sur les intentions et les actes des membres en général, j'ai cru qu'il était de mon devoir de la soumettre au Conseil pour avoir son opinion sur ce qui sera convenable de faire à cet égard, opinion dont, naturellement, vous serez informé.

Je suis, Monsieur, votre obéissant serviteur.

Signé : Joseph D. HOOKER P. R. S.

Document nº 8.

M. Piazzi Smyth au Président de la Société Royale.

12 mars 1874.

Monsieur,

J'ai reçu votre lettre du 5 mars, et il m'est pénible de constater que mes prévisions les plus tristes se sont réalisées, c'est-à-dire que vous avez communiqué la partie de ma lettre annonçant ma démission de la Société, mais que, sans me prévenir, vous aviez supprimé une autre partie de cette même lettre. C'était précisément la partie qui motivait ma démission — d'où tout dépendait — celle qu'il importait le plus de faire connaître aux membres, et que je vous avais spécialement prié de lire comme Président de la séance, alors que j'étais encore membre de la Société Royale. Vous l'avez supprimée, comme vous l'avouez, parce qu'il vous semblait que cette partie de ma lettre « était de la nature d'une communication à la Société. »

Quant à la démarche ultérieure que vous vous proposez de faire, maintenant que je ne suis plus membre de la Société Royale, de soumettre cette partie de ma lettre au Conseil, non pour corriger vos erreurs sur la Pyramide, mais pour formuler contre moi l'accusation odieuse d'avoir voulu accuser les intentions et les actes des membres en général, quand vous saviez bien que c'était le Comité exécutif seulement, et son *refus* de laisser savoir aux membres ce qui se passait, que j'avais en vue, — la chose est tellement transparente que, ma seule manière de vous répondre sera de mettre vos propres paroles sous les yeux de tous les membres de la Société et du monde savant tout entier.

Je suis, Monsieur, votre obéissant humble serviteur.

PIAZZI SMYTH.

Je n'ai pas lu cette correspondance sans une profonde tristesse, sans une vive indignation. Les observations de M. Piazzi Smyth avaient un caractère éminemment scientifique, on ne peut lui reprocher aucune personnalité blessante, elles sont d'ailleurs parfaitement vraies. Comment donc a-t-on pu les repousser et, après les avoir repoussées, après avoir forcé une de ses gloires les plus pures, les plus étroitement liées à la grande famille de la Société Royale, par son illustre père, le vice-amiral Smyth, par son célèbre beau-frère, M. Baden-Powell, de donner douloureusement sa démission, comment a-t-on osé se refuser à dire même en séance hebdomadaire le motif de son éloignement ? Pourquoi faire un martyr de gaieté de cœur ? L'épisode de M. Piazzi Smyth, comme celui de MM. Henry et Gilbert de Bruxelles, forcés aussi de s'exclure de l'Académie Royale qu'ils honoraient par leurs travaux, parce que le Conseil de l'Académie a refusé de consigner dans ses comptes rendus leur protestation honnête et modérée contre un démenti donné par un de leurs collègues à un fait biblique, invoqué par

Jésus-Christ lui-même, me semblent au fond plus affligeants que l'épisode de Galilée traité avec tant de distinction et d'égards.

Contradiction vraiment effrayante! Les gouvernements et les académies que la déclaration de l'infaillibilité du Souverain Pontife a le plus révoltés, n'hésitent pas aujourd'hui à se proclamer infaillibles, souverainement infaillibles.

M. de Bismarck et M. Carteret n'admettent pas que le gouvernement de Berlin ou celui de Genève puissent faire une loi inique, contre laquelle la conscience doive se révolter !

M. Hooker, président de la Société Royale de Londres, n'admet pas que sir Henry James ait pu se tromper, ou qu'il ait voulu donner le change pour enlever son prestige et ses bases à une théorie grandiose que l'avenir consacrera infailliblement.

F. Moigno.

Saint-Denis, le 1er mai 1875.

TABLE DES NOMS D'AUTEURS

CITÉS DANS CET OUVRAGE

TABLE DES CHAPITRES

TABLE DES MATIÈRES

LA GRANDE PYRAMIDE

Le Mans. — Typ. Ed. Monnoyer. — Mai 1873.